MANUAL
DE CONDUCIR
ENTRE EL ORDEN
Y EL CAOS

MANUAL
DE CONDUCIR
ENTRE EL ORDEN
Y EL CAOS

ALLAN LATHROP FONTECILLA

Número de Control de la Biblioteca del Congreso de EE. UU.:   2023900280
ISBN: Tapa Dura   978-1-5065-4941-5
               Tapa Blanda   978-1-5065-4940-8
               Libro Electrónico   978-1-5065-4942-2

Información de la imprenta disponible en la última página.

Fecha de revisión: 09/01/2023

Para realizar pedidos de este libro, contacte con:
Palibrio
1663 Liberty Drive, Suite 200
Bloomington, IN 47403
Gratis desde EE. UU. al 877.407.5847
Gratis desde México al 01.800.288.2243
Gratis desde España al 900.866.949
Desde otro país al +1.812.671.9757
Fax: 01.812.355.1576
ventas@palibrio.com
849186

A mis queridos nietos Lincoln y Hugo, quienes serán testigos de la colonización espacial de nuestra galaxia, por la cavernaria raza humana.

Ilustraciones:
Portada: Iglesia de Ingjaldsholl, Snafellsness Península, Islandia. Junio 1918
Contratapa: Pisco Esquí, Chile. Abril 1919
Ambas ilustraciones de M. Angelica Lathrop

"No puedo enseñar nada a nadie, solo les puedo hacer pensar"

Sócrates

ÍNDICE

Introducción

Como funciona el planeta

-Papa, ¿qué estas escribiendo?

Mi hija estaba sentada enfrente en mi oficina donde escribo. Pensé por un minuto. Mire a la pantalla iluminada de mi computador aun en blanco delante mío, e intente darle un resumen del bosquejo que había escrito a mano en mi cuaderno de apuntes.

Pero inmediatamente me di cuenta que, tratar de explicar cómo funciona nuestro planeta, la sociedad en que vivimos, como nos relacionamos, y lo que puede deparar el futuro a nuestros herederos, si es que sobreviven para continuar con la saga humana, es algo que a medida que nos desarrollamos como seres humanos, se torna cada vez mas difícil de explicar.

Luego de escuchar mi síntesis sobre el tema de mi escritura, ella me respondió:

- Suena interesante, y al parecer hay múltiples elementos que abordar en tan complicado tópico. Algo así como las de los antiguos diales de una radio que utilizábamos para sintonizar la emisora que íbamos a escuchar. Dependiendo de las emociones del día, buscábamos la estación donde escuchar la música de nuestro agrado.

Sin duda, esta era una buena analogía para comenzar a explicar el complejo tema de cómo funciona la fragmentada sociedad en la cual vivimos, los ciclos de orden y caos por los cuales pasamos, y como individualmente en alguna forma intentamos entender el papel, que cada uno de nosotros desempeña.

Continue mascullando este pensamiento de los diales de sintonía de una radio de mi hija. De pronto en medio de la noche, desperté con esta iluminación de como simplificar el tema.

Debía crear un elemento central donde construir los distintos pilares de la sociedad necesarios para lograr funcionar a diario, de acuerdo a los cambios ocasionados por los diferentes ciclos y el medio ambiente en el que actuamos.

Tal vez de esa forma seria posible explicar al menos mi papel dentro de ese contexto, para luego adquirir un entendimiento global de cada una de las acciones que dentro del orden y caos actual, crean esta complicada estructura de nuestra polarizada sociedad, y el papel que jugamos dentro de esta incomprensible enredada madeja social.

Pensé que tal vez podíamos viajar imaginariamente, a través de los 10 mil años de vivencia en este planeta, del cual tenemos un parcial conocimiento, e intentar establecer algunos cimientos básicos, en nuestro entendimiento de los actuales acontecimientos mundiales.

Para poder deslizarnos sobre la ruta de este viaje imaginario, debíamos tener algún conocimiento de los avances que se originaron entre los humanos, cuando inicialmente descubrieron como controlar el fuego, seguido a corto plazo por su siguiente eximia invención de la rueda.

Ambas invenciones trajeron consigo por un lado la maestría de dominar la energía del medio ambiente, y por el otro el movimiento para trasladarnos dentro del planeta.

Ello dio paso a la creación de caminos a recorrer con las carretas, a las que a continuación le agregamos animales, como tracción delantera. Así logramos utilizar energía más vigorosa que la nuestra, adquiriendo una más eficiente movilidad con cargas externas, y aceleración para trasladarnos por las rutas de nuestra existencia, descubriendo en esta aventura, una mejor calidad de vida.

Esta forma de energía y transporte se mantuvo hasta el siglo XIX, cuando con una explosiva revolución industrial, inventamos el motor de combustión interna y pasamos a reemplazar los animales de empuje, por un vehículo que nos dio aun mayor rapidez en nuestra movilidad, y comodidad para acelerar el descubrimiento de nuevas esquinas del planeta.

Volviendo al tema del funcionamiento de la sociedad, pensé que nuestros comienzos con la carreta, bien simbolizan la forma inicial operativa de los humanos.

Hasta la revolución industrial del siglo XIX nuestro comportamiento funciono de la misma forma como opera la original carreta.

La carreta consistía en la cabina donde se sentaba el conductor(Yo), las riendas para controlar el animal en su dirección y fuerza (ruta a seguir y mi velocidad de traslado); el espacio donde llevar mi carga (la familia y los amigos); el tipo de animal para impulsarla (mi motor o energía para llevarme rápidamente de un punto A a uno B); y mis dos ruedas (una rueda para hacer rodar mi buena salud, y la segunda rueda, para avanzar mis conocimientos a través de mi educación).

Cuando pasamos de la carreta al camión, cambiamos los animales por un motor potente con mayor energía y vigor para empujarnos hacia nuevos horizontes. Las riendas se convirtieron en el manubrio direccional. La cabina con asientos y temperatura más confortables, y las ruedas con amortiguaciones, frenos y rodamientos.

En lugar de las dos ruedas originales pasamos a cuatro ruedas. Las dos delanteras representando la economía dirigida por alguna forma de gobierno (principalmente oligárquicos), y las dos traseras para continuar mejorando nuestra salud y educación o conocimiento. Con estos adelantos le agregamos un amplio lugar posterior donde llevar una mayor carga social que, debido a la nueva potencia de mi motor, pudo ser ampliada desde la familia y mis amigos, a toda la sociedad.

De esta forma llegamos a la siguiente revolución industrial del siglo XX donde pudimos hacer nuestro motor aún más potente, y agregarle al camión un acoplado, duplicando fácilmente el espacio donde llevar mayor carga. A este acoplado le pusimos nuevas ruedas como la tecnología y la calidad de vida.

Una significativa parte de la población humana logro subirse a estos medios veloces y eficaces de transporte, al tanto que una gran mayoría, aun continúan con sus carretas, utilizando bicicletas o sencillamente caminando.

Durante el siglo XXI hemos pasado del transporte terrestre al aéreo y luego al espacial. Las ruedas se han convertido en alas y los motores en potentes turbinas con cabinas presurizadas y naves espaciales, solo manejadas por unos pocos.

Pero para todos poder progresar desde el transporte terrestre al aéreo - espacial, aun hay mucho camino por recorrer, y por de pronto nuestro camión debe ser tal, que lo podamos continuar manejando en este planeta desde su punto de origen a nuestro destino final.

Con esta fabula, en que cada uno de nosotros somos representados por este camion, intentaremos crear un manual para su funcionamiento analizando como el motor que utilizamos a diario llamado medio ambiente, con sus seis ruedas (democracia, economía, salud, educación, tecnología y comunidad), deben rodar en perfecta armonía, para lograr acarrear la carga social de nuestra familia y de la comunidad dentro de la sociedad en la que vivimos, recorriendo nuestro camino conjuntamente y en perfecta armonía, con otros camiones similares.

En un esfuerzo por simplificación y síntesis intento ahora ayudar a mis lectores para diseñar un personalizado manual, que facilite conducir cada una de nuestras polarizadas vidas en este siglo XXI, haciendo rodar a diario cada uno de nuestros camiones, con un solo acoplado.

La salud: ¿derecho o negocio?

Cuando iniciamos el camino hacia una mejor convivencia entre los humanos y diseñamos la primera obra de ingeniería llamada la rueda, este descubrimiento nos permitió construir nuestro primer vehículo para movilizar carga: la carretela. En nuestra fabula esta primera rueda de movilidad pasa a ser nuestra salud, por cuanto sin ella no hay movilidad posible para comenzar a acarrear la carga del progreso.

Cuando pasamos de la carretela a la carreta de dos ruedas, la salud paso a ser complementada por una segunda rueda que denominamos el conocimiento, que más tarde la bautizamos como la educación.

De aquí surgieron los maestros de la enseñanza humana y a través de los años esta educación nos llevó a formalizar los estudios de medicina, cuando durante la época de los griegos, un personaje llamado Hipócrates, inicio lo que ahora conocemos como la medicina moderna.

Hipócrates fue el primer practicante de medicina y el estudio del cuerpo humano, rechazando el punto de vista hasta esa época, que las enfermedades eran producto de supersticiones, espíritus diabólicos o la caída en los favores de los Dioses.

Siendo el padre de la medicina moderna, todo practicante de esta profesión hasta en el siglo XXI debe hacer el juramento de Hipócrates antes de ser autorizado para practicar medicina.

Que dice este juramento:

Respetaré a mi maestro de medicina tanto como a los autores de mis días, compartiré con él mis bienes y, si es preciso, atenderé a sus necesidades; consideraré a sus hijos como hermanos y, si desean aprender la medicina, se las enseñaré gratis y sin compromiso.

Comunicaré los preceptos, las lecciones orales y el resto de la enseñanza a mis hijos, a los de mi maestro, a los discípulos ligados por un compromiso y un juramento según la ley de la medicina, pero a nadie más.

Dirigiré el régimen de los enfermos en provecho de ellos, según mis fuerzas y mi juicio, y me abstendré de todo mal y de toda injusticia.

No entregaré veneno a nadie si me lo piden, ni tomaré la iniciativa de tal sugestión, tampoco entregaré a ninguna mujer un pesario abortivo.

Pasaré mi vida y ejercitaré mi arte en la inocencia y la pureza.

No operaré del mal de piedra.

En cualquier casa que entre, iré para la utilidad de los enfermos, guardándome de toda mala acción voluntaria y de corrupción, y sobre todo de la seducción de mujeres y de muchachos, libre o esclavos.

De todo aquello que vea u oiga en la sociedad durante el ejercicio de mi profesión, e incluso fuera de ella, callaré lo que no necesita ser nunca divulgado, considerando la discreción como un deber en semejante caso.

Si cumplo este juramento sin infringirlo, seré honrado siempre por los hombres; si lo violo y soy perjuro, que mi suerte sea la contraria.

Debido a este juramento medico, que aun en la actualidad existe, es que debemos comenzar por preguntar lo siguiente:

¿Es la salud humana una condición de vida que debe ser igualitario para todos, o algo que tiene escalafones sociales de atención medica de acuerdo con niveles económicos, o un negocio de proporciones manejado por la industria farmacológica, que impactan con su manejo la economía global?

Algo que ha quedado en evidencia con la pandemia del Covid-19 durante el siglo XXI es que existen distintos niveles de salud pública, para las diferentes clases sociales, en los diferentes países en los que estamos divididos.

Cada país del planeta cuenta con algún tipo de sistema de salud, que generalmente está estructurado demográficamente de acuerdo con su sistema económico. La última pandemia del 2019 nos vino a demostrar que, en realidad como planeta, ya no podemos tener distintos sistemas de salud entre los países ricos y pobres. Los nuevos potentes virus desconocen la diferenciación económica y se han repartido igualitariamente por todo el globo.

La pregunta siguiente es si esto significa que de aquí en adelante la salud de los humanos debiera ser un derecho sin fronteras, en lugar de un negocio de carácter nacional o local.

Las soluciones de salud publica a futuro, (porque si pensamos que esta es la última pandemia estamos grotescamente equivocados), deberán tener un verdadero ejército sanitario que este dispuesto todo el tiempo a trasladarse al lugar del contagio inicial, deteniendo la propagación de estos virus mutantes que amenazarán a toda la humanidad sin distinción de fronteras, raza o edades.

Si el actual Covid-19 ha tenido un costo superior a los trillones de dólares, es primordial que los países ricos, conjuntamente con los países pobres, lleguen a un acuerdo para establecer un sistema de salud global, con un ejército inmunológico preparado para cualquier contingencia y movilización inmediata, en la contención de cualquier propagación de futuras pandemias.

Mantener este ejercito sanitario tendrá un costo económico mundial menor, que el ocasionado por el continuo cierre de fronteras, aislamientos individuales y divisiones sociales. Las pandemias tienen los consiguientes impactos en la producción de los elementos indispensables para mantener la vida de 8 billones de humanos, con el entorpecimiento del comercio regional, nacional, internacional, pérdida de productividad y disturbios laborales.

El Fondo Monetario Internacional calculó que el costo por la disminución de producción mundial durante el 2020 fue de alrededor de $28 trillones de dólares. Gita Gopinath, consejera económica del fondo, indico que el costo de esta pandemia fue peor y superior en su impacto financiero al de la Gran Depresión a principios del siglo XX.

Los países ricos y aquellos que están saliendo de la etapa de subdesarrollo deberán dedicar presupuestos de salud para mantener institutos de epidemiologia, en completa harmonía con la industria farmacológica y productora de los antídotos que serán necesarios para combatir estos ataques virales.

La propagación de estas pandemias es más rápida que en antaño en todo el planeta, debido a los sistemas modernos de transporte aéreos existentes, que conectan los distintos puntos de la tierra en materia de horas, acarreando con ello las invisibles contaminaciones.

Una de las principales lecciones aprendidas durante el 2020 fue el error de politizar algo científico, para convertirlo en una herramienta de cómo ganar votos en los sistemas democráticos electorales de los países ricos, y crear mercados negros de vacunación en los países subdesarrollados y pobres.

Cuando la pandemia del Covid 19 se originó en diciembre del 2019 en Wuhan, China, los jefes de estado de los países industrializados adoptaron la actitud, que esto era algo que no los afectaría.

Esta visión política de algo netamente científico, retardo la aplicación de medidas sanitarias de protección a la mayoría del planeta, ya que por su arrogancia nunca pensaron que en menos de 90 días, todo el planeta estaría afectado por la contaminación y mortalidad ocasionada por dicha pandemia.

De ahí en adelante comenzaron las interpretaciones y condenas desde las formas simples a las extremadas confabulaciones que se esparcieron por las redes sociales como Facebook, Utube, Instagram, Twitter y Google, la mayoría sin ninguna validez científica.

Desde jefes de Estado al último habitante de la Patagonia, de doctores a cargo de los centros hospitalarios hasta los expertos en inmunología, cada uno comunico su propia interpretación del origen y la forma de atacar al mortal virus para eliminarlo.

Cuando se logro tener un acuerdo mundial en cómo enfrentar este ataque sanitario, la pandemia ya había atacado sin compasión a los más vulnerables, creando una mortalidad de proporciones igualitarias a las de las guerras mundiales del siglo pasado.

Esto ocasiono retrasos en los estudios científicos para diagnosticar medicamentos y detener la mortalidad, al tanto que se hacían los avances para lograr producir la vacuna que protegería a todo el planeta.

Una vez que las vacunas comenzaron a ser certificadas, los políticos entraron a decidir quienes recibirán estas vacunas en primera instancia, por cuanto no había forma de producir dosis para todos los humanos del planeta en forma instantánea.

Así regresamos a la parte del negocio de la medicina, que es necesaria para evitar una mayor catástrofe mundial, donde los países ricos fueron los primeros en obtener no solo las primeras vacunas, sino que el compromiso en su abastecimiento futuro por las compañías dueñas de dichas vacunas.

Esto dio origen a un mercado negro en la adquisición y abastecimiento por parte de las compañías chinas, europeas y americanas productoras de las vacunas.

La medicina se ha transformado juntamente con la farmacología, en uno de los negocios más lucrativos del planeta. Las profesiones en el cuidado de la salud es una industria donde existen a lo menos 50 diferentes campos donde un profesional de la salud puede ingresar a participar en diferentes aspectos de este negocio.

Generalmente, cuando se habla de salud, pensamos en los doctores y su multitud de especialidades que existen para palear la igual multitud de enfermedades que atacan a los humanos incluyendo las pandemias.

Si bien es cierto, que determinados campos de la industria requieren extensivos estudios y denominaciones para ejercer labores como las de un médico, existe toda el área de soporte a las labores del médico, en las cuales los requerimientos son solo certificaciones.

Por ello se han creado cuatro grandes áreas en la industria de la salud.

La primera área es la medicina tradicional que es practicada por los médicos y sus diferentes especialidades desde el médico de cabecera al cirujano de cerebro.

La segunda área está dentro de la medicina de alternativa, que es practicada generalmente por profesionales que se han dedicado principalmente a los estudios de manutención y saneamiento de enfermedades utilizando medicina hierbal, y métodos tradicionalmente empleados anterior a la introducción de la farmacología moderna.

La tercera área en materia de salud es considerada como pequeños negocios de diagnósticos, en lo que se podrían incluir los técnicos en farmacia, las enfermeras, los técnicos en radiología, los dueños de farmacias, los laboratorios, y los tecnólogos clínicos para nombrar algunos.

La cuarta área de la industria, y tal vez la más prolifera en las ganancias de los sistemas de salud, está en manos de las grandes empresas farmacólogas como las que manejan los aspectos químicos, remedios, administración de hospitales y diversas clínicas especializadas en los aspectos cosméticos de la medicina.

Tenemos que concordar que la salud básica debiera ser un derecho universal igualitario, en la práctica del nivel de cuidado de nuestro bienestar. Sabemos que la calidad de dichos servicios está determinada por las desiguales divisiones de clases y castas que existen en este planeta.

En el siglo XXI la tecnología también ha entrado a entregar abierta información sobre los diferentes procedimientos y diagnósticos que los médicos están empleando en los diferentes países.

Incluso en las redes sociales existe la catalogación y eficiencia de cada uno de los profesionales de acuerdo con el éxito o fracaso de sus funciones médicas.

El escritor Mark Twain, quien vivió entre 1835 a 1910, anterior a toda esta tecnología moderna, diagnostico que deberíamos tener cuidado sobre lo que aprendíamos en los libros dedicados a la salud, por cuanto errores de imprenta podían matarnos.

De ahí que mi rueda de salud en mi camión deberá ser una a la cual le dedico una importante atención en su mantenimiento, conocimiento, elección de protección médica y dinero necesario para su pago. Realmente mi deseo es que durante mi movilidad por la ruta que voy a transitar, desde mi origen a mi destino final, no se me desinfle esta importante rueda y me transporte solo un par de metros, en lugar de los miles de kilómetros que deseo recorrer con una buena salud. Para ello mi salud dependerá de mi higiene corporal, su alimentación, y su constante acondicionamiento físico.

La educación: dando vuelta la pagina

¿Por qué esta rueda para adquirir conocimientos sobre el funcionamiento de mi camión es tan primordial y una de las primeras que debo instalar al iniciar mi recorrido por esta vida?

Sin esta rueda aun estaríamos en las cavernas tratando de sobrevivir en un planeta que no es totalmente amigable y donde nos enfrentábamos a diario con múltiples hostiles criaturas y un medio ambiente que nos pueden matar en cualquier momento.

Gracias al gran poder que nuestro cerebro nos dio en sus orígenes, hemos acumulado conocimiento, desarrollado una forma de protegernos, comunicarnos, aprender de nuestros errores y de aquellas grandes lecciones a través de maestros y libros.

Este fue el comienzo del homo sapiens en su ascenso para convertirse, en lo que ahora somos, los dueños de este planeta.

Esta rueda que nos impulsó desde los conocimientos básicos a una educación más sofisticada, es lo que nos ha permitido progresar y evolucionar.

Desde nuestros comienzos prehistóricos en las cavernas, al compartir nuestros conocimientos, logramos convertirnos en un grupo poderoso, aunque dividido por este mismo conocimiento, y que nos hizo superior al resto de las criaturas que aún permanecen como habitantes del planeta.

Hay dos distintos tipos de aprendizaje que se han acoplado con el correr de los años. El primero es el que denominamos la enseñanza del hogar. El segundo que ha sido introducido con mayor amplitud y estructuración a partir de la revolución industrial que lo denominamos enseñanza formal.

Analicemos primeramente el conocimiento adquirido a través de la enseñanza del hogar.

La familia hasta el siglo XIX se consideraba como la fundación sólida de una sociedad en vías del desarrollo y la prosperidad.

La razón fundamental es que, dentro de un hogar sólidamente constituido por padres, con éticas y morales establecidas por los padrones de educación de sus anteriores generaciones, eran las que cuando crecemos de la infancia a la madurez, cimentamos los valores fundamentales de una sociedad progresista.

Era en el hogar donde el infante comenzaba a experimentar sus interacciones con el mundo que lo rodeaba, las cuales juntamente con su genética, moldeaban el tipo de individuo, que se integraría en forma positiva y progresista a la sociedad polarizada en la cual continuaría viviendo.

Es en la enseñanza del hogar donde los padrones de amabilidad se desarrollan. Saludarse en la mañana al despertar con una sonrisa de un Buenos Días, y antes de salir a enfrentarse con el resto del mundo, despedirse con un Hasta Pronto, escuchando a un adulto cuando se equivoca y pidiendo disculpas diciendo - me equivoque y perdóname, son enseñanzas que se pasan de una generación a la siguiente.

Este mismo comportamiento comienza a ser un padrón de normalidad, que se internaliza en el individuo durante su formación y crecimiento. La honestidad, puntualidad, solidaridad y respeto por la familia, los ancianos, las autoridades, los amigos y los colegas de trabajo, son comportamientos que se aprenden durante esta enseñanza dentro del hogar.

Este comportamiento se complementa con la educación formal que se adquirirá posteriormente en la escuela en donde se aprenderán las matemáticas, las letras, ciencias, historia, cultura cívica, química, física, geografía, artes y filosofía.

Los buenos modales, la higiene personal, no tirar basura en cualquier lugar, no apropiarse de cosas sin permiso, ser organizado y respetar las reglas, son enseñanzas del hogar que deben ser reforzadas por el comportamiento de los adultos.

Es con estos principios básicos que entramos a la educación formal, la cual está dividida en diferentes escalafones a partir de la enseñanza parvulario, básica, secundaria, educación superior, maestría y doctorados.

Las bases de la educación moderna, que en el siglo XXI existen en forma global en lo relativo a la educación básica, fueron creadas en la época victoriana como una forma de expandir el imperio británico mediante el uso humano de los primeros burócratas escribanos que necesitan saber leer, escribir y contabilizar mediante la aplicación básica de conocimiento de matemáticas.

Esto fue algo que el reinado victoriano aprendió del Imperio Otomano y sus sultanes viviendo en el palacio Topkapi, en lo que ahora conocemos como la ciudad de Estambul. Ellos fueron los que formalizaron los estudios de mediciones como una manera de controlar los intercambios comerciales entre las distintas regiones del Imperio.

Su principal promotor fue Suleiman, el Magnifico, quien codifico y centralizó el sistema judicial, estableciendo el uso de caligrafía para la escritura, construyendo la ciudad de Constantinopla, hoy Estambul, y formalizando las mediciones basadas en los principios matemáticos que habían sido creados por los egipcios.

Inicialmente la Iglesia de Inglaterra comenzó a promover la educación básica de los jóvenes para con ello enseñar a leer la Biblia. El monarquismo vio el beneficio de agregar a la enseñanza de leer y escribir, el uso de las matemáticas como una forma de tener a su disposición educados escribientes con los cuales controlar los ingresos de la corona.

De aquí nacieron las bases de la educación moderna en todo el mundo, con las principales materias relacionadas con las letras, matemáticas y ciencias, que fueron las ultimas de ser integradas a las agendas educacionales de todos los países.

En el siglo XXI las Naciones Unidas ha dictaminado, que la verdadera herramienta para salir de la pobreza y subir en la escala socio económica, es a través de la educación básica y luego la superior.

Pero a partir del 2000, con la introducción de la nueva tecnología computacional, y de la verdadera triste realidad de contar con un cuarto de billón de niños sin escuela o profesores para enseñarles, podemos sin duda decir que el sistema educacional, al igual que el económico, está adquiriendo una brecha gigante y se está enfrentando a una crisis de proporciones en todo el mundo.

Antes de la pandemia del 2019, más de la mitad de los niños y adolescentes del mundo no lograron alcanzar el mínimo de conocimientos básicos en las áreas de letras y matemáticas.

En el 2020 debido a la pandemia mundial del Covid-19, la casi totalidad de los países anunciaron los cierres de colegios a más del 91 por ciento de los estudiantes. En abril del 2020, sobre 1.6 billones de escolares estaban fuera del sistema educacional mundial. A esto se sumó que 400 millones de estudiantes, que en esos momentos contaban con alimentación entregada por los colegios, tuvieron que buscar una nueva fuente de nutrición personal.

En la historia educacional del mundo nunca ha habido tantos escolares sin educación al mismo tiempo. Dentro de este gran número de habitantes del planeta se encuentran los grupos humanos económicamente más vulnerable y marginales.

Para enfrentar esta crisis, la UNESCO comenzó un programa en marzo del 2020 denominada Coalición Mundial de la Educación.

Específicamente este programa desea alcanzar las siguientes metas durante el siglo XXI:

- Ayudar a los países en obtener recursos para implementar educación básica utilizando la nueva tecnología computacional, combinando la tecnología con métodos tradicionales de enseñanza escolar o sin uso de tecnología sino con profesores.
- Buscar soluciones igualitarias con acceso universal a la educación.
- Coordinar todas las ayudas de diferentes organismos para evitar duplicidad de esfuerzos.
- Facilitar el retorno a las aulas de los escolares después de la pandemia, para evitar una mayor escala de deserción del colegio por niños y jóvenes en edad escolar.

El problema dentro de la educación universal es la desigualdad de acceso que existe para los países pobres con relación a los países ricos.

Los países ricos aprovecharon la oportunidad que les brindo la pandemia en el 2020, de cerrar completamente el sistema educacional, para hacer una profunda revisión en: la preparación de la juventud dentro del nuevo mundo tecnológico; la temática de la enseñanza básica del sistema victoriano de medir el progreso educacional centralizado en la enseñanza de letras, matemáticas y ciencias; la desigualdad de recursos de las áreas metropolitanas con las rurales; y el impacto social causado por la enseñanza en el hogar a través de sistemas computacionales.

Todo ello implica cambiar las materias básicas de enseñanza para incorporar la revolución tecnológica desatada por la computación portátil y la red de comunicaciones de internet, que ahora mantiene un archivo mundial abierto de las ciencias y las letras a través de la historia de la humanidad y sus impactos sociales correspondientes.

Existe también el lado económico de estos cambios, los que deben ser acompañados en el mejoramiento de la conectividad computacional, paralelamente con el ritmo de aprendizaje de los distintos niveles escolares debido a sus edades y soporte familiar.

Para el periodo post pandemia del 2020, los desafíos para volver a incentivar a los escolares en sus regresos a clases presenciales en sus respectivos colegios, se debatieron con tópicos tan diversos como la seguridad de los profesores, quienes a través de sus organizaciones demandaron ser considerados como funciones básicas en lo relativo al calendario de vacunación, hasta los incentivos necesarios para evitar altos niveles de deserción y nivelación del aprendizaje perdido durante los años 2019 y 2020.

En el caso de la educación superior post escolar, la crisis de las universidades del mundo ha estado generalmente enfocada al problema financiero en lo relativo al alto costo de ingreso.

En Estados Unidos donde esta crisis es la mayor, los estudiantes a acreditaciones en las diferentes profesiones, han alcanzado un nivel de endeudamiento económico para financiarse, que tiene un impacto en la recuperación financiera, una vez que egresan al mundo real de la economía laboral.

En el 2014 los estudiantes que egresaban de carreras universitarias en los Estados Unidos con un diploma básico se enfrentaban con un mundo laboral complicado, y con una deuda de $33,000 dólares por cada egresado.

En los siete países más industrializados del planeta, la posibilidad de pagar esta deuda en el primer año de egreso al sistema laboral estaba determinado por el tipo de Universidad en la cual el profesional había obtenido el diploma o certificación.

Algunos gobiernos de países menores han optado por intentar balancear los costos de educación superior, con los salarios que recibirá cada alumno y su contribución a la sociedad en su desempeño que el país recibirá.

Canadá a principios de este siglo era uno de los países que estaba a la vanguardia de la subvención estatal en la educación universitaria, manteniendo una mejor movilidad de los profesionales dentro de las funciones laborales requeridas para mantener una calidad de vida superior a la de Estados Unidos.

Los países europeos mantuvieron hasta el 2012 sistema de educación universitarias financiadas por los gobiernos. Pero debido a los déficits financieros dentro de la comunidad europea Alemania, Gran Bretaña y Holanda introdujeron pagos de matrículas como una forma de disminuir los costos gubernamentales y traspasarlos a los estudiantes, similar al sistema empleado por Estados Unidos.

Sin embargo, Alemania en el 2014 volvió al sistema de financiamiento educacional universitario como parte del presupuesto educacional del gobierno, pero tan solo para aquellos estudiantes nacionales.

La privatización de la educación universitaria de por sí, ha creado durante el siglo XXI una diferenciación económica cognoscitiva substancial, entre las distintas clases sociales y también entre los diferentes países.

Los políticos del mundo de izquierda y de derecha han debatido vigorosamente la crisis central de la educación, basándolas exclusivamente en las funciones de lucro o económicas que deben ser eliminadas por algunos y mantenidas por otros.

Esto ha desviado el enfoque sobre el centro mismo de la discusión, que debiera estar en la calidad de educación tanto básica como superior. Esta debiera alcanzarse en un sistema de total subvención estatal, en lugar de uno con parciales subvenciones, o manteniendo sistemas educacionales privados.

Este elitismo educacional basado en niveles de calidad superiores de educación, que en cada profesión crean divisiones laborales, continuara durante el siglo XXI ejerciendo una mayor presión social de descontento, debido a la brecha que se amplifica, en lugar de cerrarse.

Los países ricos con mejores niveles económicos y los países pobres con menores financiamientos gubernamentales, continuaran con su dependencia económica, debido a una inferior calidad educativa por la falta de recursos para mantener sistemas superiores de investigación, que les permitan salir de su subdesarrollo.

Por ello en mi camión deberé mantener presente que la presión en esta rueda del conocimiento debe mantenerse pareja entre la enseñanza del hogar y la formal, alineándose con las otras ruedas. No debe ser desinflada por políticas destinadas a detener la expansión del conocimiento humano dentro de un sistema elitista, que aunque lucrativamente es desproporcionado, hasta el momento continua pavimentado la ruta por donde van todos los camiones. Tampoco la educación debe ser tratada como una herramienta discriminatoria dentro del planeta dividido, sino como una función necesaria para un mejoramiento global.

Sin que esto sea de menor importancia, la estructura familiar debe ser fortalecida, por cuanto este es el cimiento indispensable de una educación con ética y moral, necesaria para nuestro funcionamiento dentro del orden y el caos.

La democracia:
mi rueda delantera

Cuando pasamos de la carretela a los vehículos motorizados durante la revolución industrial moderna del siglo XIX, revitalizada a principios del siglo XX por Henry Ford y su línea de ensamblaje de automóviles y camiones, los ingenieros diseñaron un eje delantero con un manubrio direccional a cargo del conductor con otras dos ruedas: la democracia y la economía.

Ahora pasaremos a entender un poco más a fondo la primera de las ruedas delanteras de mi camión del siglo XXI: la democracia.

La democracia, que está ubicada en el tren delantero de mi camión, es un sistema de gobierno para mantener leyes del transito en orden, con plena libertad de movimiento, por una ruta igualitaria.

Este sistema debe contar con buenos amortiguadores para enfrentarse con todos los baches y hoyos creados por distintos camiones, pero que con mi habilidad de conductor, y utilizando mi manubrio, voy a intentar evadirlos.

Mi democracia es una rueda firme y de primera categoría, que se desliza por rutas seguras y peligrosas, entre todos aquellos camiones que van violando las leyes del tránsito humano.

Esta rueda, como es concebida en el siglo XXI, es frágil y difícil de hacer rodar. Su construcción ha ido evolucionando durante la historia del planeta, y ha adquirido fuerza y vigor, a partir de los pensadores griegos y el imperio romano.

Los denominados padres de la patria de los diferentes países, que se emanciparon de los sistemas colonialistas implantados por las potencias europeas a partir del siglo XVII, adoptaron a su conveniencia esta forma de gobernar y los modernizaron, hasta establecer lo que ahora se entiende como un sistema democrático.

A partir del siglo XIX ha sido Estados Unidos el que hidalgamente, ha encabezado a los países que han implementado el modelo democrático moderno, demostrando en su aplicación y mantenimiento, todas las variantes y dificultades que se presentan en la mantencion de este sistema.

Construir y mantener la rueda democrática ha probado ser complicado, y continuamente atacado, por todos aquellos que ven más faltas, que elementos de participación masiva, para una convivencia armoniosa de la sociedad que lo practica.

Esto ha dado origen a un índice de medición de los estados democráticos creado por la firma británica EIU basados en cuatro categorías: Democracia perfecta; Democracia defectuosa; Gobiernos Híbridos; Gobiernos Autoritarios.

Para ello han desarrollado encuestas basadas en cinco categorías: proceso electoral y pluralismo; libertades civiles; funcionamiento del gobierno; participación política de los ciudadanos; y cultura política.

La existencia de un estado democrático, desde la época de los iniciales pensadores de este concepto, se ha basado en la creación de instituciones intermedias que están por sobre el individuo, y cuentan con los mecanismos para mantener un orden social.

Para que el orden social sea calificado como democrático, ha de basarse en las dos premisas siguientes:

- Un individuo es ciudadano y miembro de un estado democrático cuando dicha persona se rige por un derecho propio que es representativo del estado, y observa un comportamiento moral en acuerdo con su círculo social inmediato, que cuenta con la aprobación de la mayoría.

- El ejercicio de la ciudadanía y el ejercicio del poder son democráticos, solo en un estado donde el derecho que les da legitimidad, ha sido establecido por la mayoría de los individuos, que son aceptados residentes con derecho a sufragio en dicho territorio.

Ninguna de estas premisas impone un sistema de igualdad colectiva, pero si la aceptación de vivir en comunidad en libertad, dentro de un comportamiento regido por los derechos sociales, participando libremente en el dictamen, cambios y derogaciones de las normas jurídicas que rigen a la sociedad.

Es a partir de este predicamento donde comienza el proceso democrático para ajustar a principios generales, las opiniones de cada individuo, y convertirlas en el comportamiento de las instituciones intermedias que rigen sobre la sociedad dividida.

Estas instituciones existen y funcionan de acuerdo con estos derechos jurídicos que representan las necesidades de la mayoría ciudadana con inclusión de las minorías y respeto a su imparcial funcionamiento en favor del bien comunitario.

Solo cuando las instituciones regentadas por individuos, dejan de funcionar dentro del marco de estos derechos jurídicos, es cuando dichas instituciones dejan de existir o tener valor como tales, y deben ser reemplazadas por los miembros representantes de la sociedad electos por la mayoría ciudadana, formulando las correcciones o mejoras para el bien comunitario.

De ahí la importancia que, en la libre elección democrática de dichos representantes de la mayoría, estos individuos hayan sido sometidos, previos a su elección como tales, a un escrutinio publico.

Tal cual en el área privada, los candidatos a cualquier cargo publico debieran presentar sus credenciales y experiencia, y los electos políticos demostrar sus credenciales como dignos representantes, mediante conocimientos de administración publica y un comportamiento de transparencia personal de alta moralidad, ética, tolerancia e impecable conducta en la aplicación de las normas vigentes, que han sido expresadas por sus constituyentes.

La idea de libertad, en este contexto democrático, está basado en la participación de cada individuo para ejercer sus derechos personales, protegidos por las leyes contra el abuso del poder, evitando ser anulado o absorbido por el matonaje de grupos que luchan por sus exclusivos beneficios, en desmedro del bien social de la comunidad, con una parcial o total falta de respeto al derecho civil.

Las leyes son la expresión jurídica de los valores innatos al individuo, basados en su libertad de expresión e igualdad, ante la transgresión de conductas que van por sobre sus derechos civiles de convivencia moral dentro de la sociedad.

Montesquieu es el autor de la obra sobre el espíritu de las leyes.

En ella presento una teoría política que se enfrentaba al absolutismo del rey franco Luis XIV de aquella época. Este pretendía eliminar todo intento de oposición política, apartando a la nobleza de las funciones de gobierno.

Uno de los grandes aportes a un sistema democrático de este filosofo, es la concepción de la separación de poderes del estado con la consiguiente adjudicación de funciones a cada uno de ellos.

En los países democráticos del actual planeta del siglo XXI, los poderes de los representantes del gobierno están divididos en tres áreas, para trasparentemente mantener las legitimas votaciones libres de sus ciudadanos.

Estos tres poderes son:

El poder ejecutivo, que corresponde al presidente o primer ministro elegido en votación democrática mediante el ejercicio de libre sufragio de sus ciudadanos;

El poder legislativo, que esta depositado en los representantes elegidos por una igual votación a la del poder ejecutivo, con nominaciones para las cámaras de representantes de las designadas regiones del país; y

El poder judicial que es independiente de elecciones políticas y es el exclusivo regente en el funcionamiento imparcial de los tribunales de justicia, Corte de Apelaciones y Suprema, con sus respectivas asignaciones acreditadas.

La clasificación tradicional de las distintas formaciones de gobierno en siglos pasados corresponde a los siguientes tipos de poder:

- Monarquía: el poder del gobierno, es detentado por una sola persona.
- Oligarquía: el poder del gobierno, es solamente de los nobles adinerados.
- Democracia: el poder del gobierno, descansa en los representantes del pueblo por votación popular.
- Dictadura: del poder del gobierno, es impuesto por la fuerza.

Para Montesquieu el criterio de las diferentes formas de gobierno dependía en la naturaleza y como el poder que se ejercitaba, estaba en conformidad con las leyes establecidas.

La legitimidad de la democracia del siglo XXI, está basada en la transparencia de estos tres poderes, y su fiscalización por instituciones independientes de la pugna política, que son un espejo del comportamiento colectivo de la mayoría de habitantes con derecho a sufragio, por cuanto la forma en que dichos representantes se relacionan a nivel individual, pasa a ser la norma de como la sociedad y sus instituciones operaran.

Cada país que se considera democrático, es el propietario y mantenedor del sistema de libertad centro del orden civil, que es necesario para gobernar la forma como sus ciudadanos deben comportarse, y esto esta fiscalizado por los tres poderes.

Este sistema, y el comportamiento de los individuos a cargo de los poderes gubernamentales, son responsables en la actuación de como la sociedad dividida en general se va a relacionar.

Es la interpretación de la actuación de estos individuos los que van a ocasionar los ciclos de orden y caos, por los cuales atraviesan todos los países que se adhieren a estos principios democráticos.

Analizando los acontecimientos que se generaron a partir de los resultados de la elección presidencial del 2020 en Estados Unidos, y que el mundo fue testigo por los medios comunicativos del momento, el sistema y el comportamiento del entonces, presidente no re-electo Donald Trump, tuvo como consecuencia el cuasi desmoronamiento del sistema democrático de ese país, el cual llevo a una revuelta civil, que por la fuerza intento apoderarse del sistema legislativo para eliminar a sus representantes.

En el índice de la EUI del 2019, Estados Unidos que se presenta al mundo como el defensor de la democracia en libertad y con igualdad, ya aparecía en el lugar veinticinco como encabezando los países considerados con democracia defectuosa.

Desde los comienzos de la Confederación americana, los denominados padres de esta nación, construyeron un sistema democrático defectuoso, que se ha ido perpetrando durante los siglos de existencia de esta nación.

Las supremacías blancas y la esclavitud de los negros, ahora denominados afroamericanos, ha sido uno de los puntos más débiles del sistema democrático norteamericano basado en la libertad e igualdad de todos sus ciudadanos.

No obstante, el ferviente esfuerzo de muchos de sus jurídicos y lideres, tanto blancos como negros, las bases de la Constitución de Estados Unidos y sus Enmiendas posteriores, entre las más notorias las Enmiendas 13 y 14, donde se reafirman los derechos constitucionales de todos los ciudadanos americanos, la raza negra ha sido intimidada, víctima y abusada por sus coterráneos blancos durante más de 200 años.

La impunidad, mediante la manipulación de la Constitución y las leyes que la complementan en los actos de criminalidad por parte de los blancos en contra de los negros, principalmente en los estados del sur de Estados Unidos, ha continuado y aún está presente en el diario comportamiento de sus ciudadanos, en una extensa parte del territorio de dicha nación.

A partir del siglo XXI el planeta dividido cuenta con más de la mitad de los países del mundo con regímenes autoritarios o híbridos. Si a ello le sumamos aquellos países, como Estados Unidos que mantienen democracias defectuosas, menos de un cuarto de los países del mundo tienen una democracia que se podría catalogar como tal.

¿Cuál es la razón por la que Estados Unidos es considerada una democracia defectuosa?

Anteriormente enunciamos que, para que un proceso sea considerado democrático, su gobierno debe haber sido establecido por la mayoría de los individuos que son aceptados residentes con derecho a sufragio en dicho territorio.

La palabra clave en este enjuiciamiento es la mayoría. Si analizamos las elecciones presidenciales y representativas de Estados Unidos, esto esta distante de ser una realidad.

Durante el siglo XX y XXI, con la excepción de George W Bush, ningún candidato republicano fue elegido presidente por el voto de la mayoría.

La gran población de descendientes afroamericanos y latinos, han sido marginados en muchos estados, en su derecho a participación en los sufragios.

Esto se debe a que el sistema electoral americano, esta fabricado para que la minoría blanca siempre elija al gobierno de su preferencia. Esto se denomina el beneficio del poder de la minoría.

Durante los dos últimos siglos, el Senado de Estados Unidos cuenta con la mayoría de los senadores elegidos por la minoría de los habitantes con derecho a sufragio.

Por ejemplo, en 2021 el estado de California que cuenta con un número de habitantes 68 veces más grande que la población del estado de Wyoming, ambos estados eligieron igualitariamente dos representantes.

Se estima que de continuar este sistema de elecciones, que se considera democrático, para el 2040 el 70 por ciento de americanos poblaran 15 estados que elegirán solo 30 representantes, al tanto que el otro 30 por ciento de la población que vivirá en estados menores con población mayoritariamente blanca, de más edad y dueños de las tierras agrícolas del país, elegirán 70 representantes.

El planeta en el 2022 tiene una mayor cantidad de individuos viviendo en lugares donde las libertades y sistemas igualitarios son inexistentes, con sociedades y familias divididas, no solo por razones económicas, sino por la represión de sus derechos civiles más elementales debido a su raza y credos.

Muchos lectores pensaran que en la actualidad se han logrado grandes avances en relación a estos derechos civiles, los cuales, sin duda entre los países con democracias totales y defectuosas, se ha obtenido.

Pero el camino hacia un planeta donde la mayoría de sus habitantes puedan participar democráticamente con libertad e igualdad, en decisiones que afectaran a todos los que estamos aquí aun presentes, está muy lejos de ser una realidad.

¿Qué podemos esperar en el resto del siglo XXI, para que los países se movilicen a sistemas realmente democráticos?

Las redes sociales, a través del sistema Internet, han sido vehículos propagantes de informaciones por abusadores de poder con noticias falsas, de discriminaciones raciales y del abuso de poder institucional, en aquellos países sin censura por el autoritarismo, donde aún dichas redes cuentan con cierta libertad de comunicación.

En el 2020 el 64 por ciento de los americanos pensaban que el expresidente Donald Trump, durante sus cuatro años anteriores de gobierno, había convertido a esa nación en una democracia fraudulenta y corrupta, al punto de intentar la total destrucción de los derechos civiles difícilmente alcanzados, para convertir el país en una total oligarquía.

Las imperfecciones de los sistemas democráticos continuaran siendo atacadas por las corrupciones de individuos en posiciones de poder, quiénes hacen vulnerables las instituciones que protegen los derechos civiles, utilizando la violencia y la delincuencia como herramientas para intimidar al grueso de la clase media, e instaurar sistemas supremacistas, fascistas o extremistas.

Las elecciones populares representativas serán también víctimas de ataques de estos mismos grupos, para intimidar al grueso de la población y de esta forma perpetuar su poder económico, provocando un divisionismo aún más agudo, incluso a nivel familiar.

Los actuales grandes regímenes autoritarios, tratan de legitimar sus mandatos con una propaganda, que falsamente promulga el mismo nombre de sus países. Así llegamos a tener la Republica Democrática del Pueblo de Corea del Norte, cuyo gobernante no ha sido elegido democráticamente y por lo tanto el país no se le puede considerar como una republica, y tampoco democrática. Caso similar es el de la Republica Popular de China.

Para que esta rueda delantera de cada uno de nuestros camiones tenga la fuerza necesaria para su buen rodaje, deberá contar con amortiguadores y rodamientos en un eje delantero bien lubricado, para evitar su destrucción en su transición de rutas por las carreteras del orden y del caos.

Es nuestro deber fortalecer a los defensores del buen funcionamiento de estos amortiguadores denominados las instituciones intermedias, y nuestros rodamientos que son los representantes electos libremente.

Así mantendremos una adecuada presión en la rueda de la democracia, con nuestros esfuerzos para no aceptar rodamientos oligárquicos, y detener la verdadera agenda detrás de estos individuos sin escrúpulos, que solo atentan desestabilizar esta rueda destruyendo los amortiguadores, debilitando los rodamientos de libertad, para lograr debilitar nuestros ejes delanteros hasta quebrarlos.

Hasta el momento, estos destructores de nuestras ruedas democráticas, han sido capaces de desestabilizar la carga social, empujando a las masas populares hacia el caos para obstaculizar la ruta, ensanchando las actuales brechas de división existentes entre las distintas clases y castas en todo el planeta, para de esta forma mantener su autoritarismo populista, con una desigualdad económica permanente, que solo los favorece a ellos y sus grupos de privilegio.

La economía: el gran reajuste

La segunda rueda en el eje delantero de nuestro camión es sin duda la economía, que debe ir en perfecto balance y con la misma presión que la rueda de la democracia.

Esta es una rueda que, con el tiempo y los avances de estadística, se ha transformado en un elemento que es difícil de comprender para el buen manejo de todos los conductores en sus respectivos camiones.

Intentare describir los pasos de su fabricación, y como poder mantener esta rueda con un balance que nos permita conducirnos dentro de la ruta de la productividad.

El siglo XXI se inició con el gran ataque de islámicos radicales a las torres gemelas de Nueva York, que fue el primer despertar de un ciclo de prosperidad exclusivo de los países ricos, y su vulnerabilidad en lo relativo a ataques terroristas dentro de su territorio por los países pobres.

Hasta esa fecha Estados Unidos había dictaminado en sus bolsas de valores el comportamiento que debía existir en todo el planeta, utilizando su modelo capitalista de oferta y demanda, e imponiendo, si fuese necesario por fuerza bélica su aplicación y aceptación, sin discusión o dialogo, a los países en desarrollo y pobres.

Posteriormente la pandemia del 2019 demostró las grandes discrepancias económicas que existen en cada rincón de este planeta, lo que originó una forma distinta para aplicar medidas de seguridad sanitaria, con la consabida paralización comercial, que inmediatamente tuvieron repercusiones económicas mundiales.

El Fondo Monetario Internacional calculo, que la economía mundial durante el 2020, medida por el producto interno bruto (PIB), había sufrido una baja de un 4.4 por ciento.

Esta macro visión no reflejaba en general la magnitud del impacto por país, así como tampoco por las distintas industrias.

China y Estados Unidos, las dos potencias economías más grandes del mundo, ambas por distintas razones, manejaron la pandemia en forma diferente, con resultados relativamente favorables para China y realmente desastrosos para Estados Unidos.

Los países de la Oceanía y de Europa fueron los primeros en cerrar sus economías adoptando cierres de fronteras y tránsito aéreo, para evitar una mayor propagación y mortalidad, protegiendo así a sus ciudadanos más vulnerables. Luego lo hicieron los países sudamericanos, los orientales y Canadá para finalmente sumarse el resto de los países del mundo.

Las medidas de aislamiento por país, con el cierre del transporte de productos y personas, destinadas a detener la propagación del virus, tuvieron un inmediato impacto en las compañías aéreas y toda la industria del turismo, hospitalidad y entretención.

Pero dichas medidas sanitarias de protección no necesariamente tuvieron los resultados esperados, por cuanto los países que sufrieron el mayor impacto en sus mortalidades y economías lo fueron Perú, España y Gran Bretaña.

Por otro lado, países como Corea del Sur, Lituania y Taiwán, que manejaron en forma distinta el contagio viral, sus economías tuvieron impactos financieros menores con una baja mortalidad.

Estados Unidos termino el año 2020 en medio de una crisis política, con un deficit económico del orden del 8 por ciento, y al tope de los países con las mortalidades más altas del planeta, debido al incompetente manejo político de la pandemia.

Los primeros 20 años del siglo XXI demostraron un vuelco no solo de las economías mundiales, los cuales culminaron con los desastres indicados durante el 2020, sino también con un caos social a nivel mundial. Este comenzó a partir del 2001 con los ataques a las Torres Gemelas de Nueva York, que dejaron un total de casi 3000 muertos, y que dio inicio a una guerra al terrorismo, decretada por el gobierno de Estados Unidos contra los islámicos radicales, y continuo en Latinoamérica, con los llamados estallidos sociales, que para el 2019 abarcaron a todo el planeta.

Las soluciones a estos problemas de disparidad económica social comenzaron a tomar matices políticos guiados por las emociones, las cuales pasaron a tener mayor importancia sobre las reales soluciones económicas para disminuir las enormes brechas existentes entre los ricos, la clase media y los pobres.

El populismo político de comienzos del siglo XXI manipulo estas emociones a través de las redes sociales, las que tuvieron un impacto inmediato local en una economía expansionista, que se había logrado a fines del siglo anterior, debido a la prosperidad impulsada por dos guerras mundiales y otros conflictos como los de Corea y Vietnam.

Sin embargo, la economía mundial, con sus indicadores bursátiles en las diferentes bolsas de valores, continuaron en alzas. Esto favoreció a aquellos inversionistas que tenían el poder económico para navegar por encima de la tormenta ocasionada por la pandemia y los estallidos sociales.

Por otro lado, la realidad mundial de la clase laboral media y baja continuo en su deterioro económico y de salud. En su mayoría debieron continuar trabajando, perdiendo su poder sindical de negociación por mejores remuneraciones, falta de recursos financieros para mantener sus familias y desafiando su mortalidad en el lugar de trabajo por la carencia de normas sanitarias para enfrentar la pandemia.

Las redes sociales comenzaron a esparcir sentimiento de ira, rabia, odio y resentimiento entre las distintas clases humanas, creando un estado mundial de incertidumbre y temor hacia todo lo que fuera diferente.

Los grandes defensores de los Derechos Humanos comenzaron a reconocer, que este tipo de sentimientos amenazaba la integridad de las instituciones, y por ende el sistema democrático de los países que aun intentaban practicarlo, lo cual ayudaría a incrementar la inestabilidad social y la paz mundial.

La macro economía capitalista neo liberal recibió otro impacto cuando la tecnología con sus cadenas de bloques (Blockchain Technology) dio paso a la creación de la criptomoneda, donde en forma inesperada surgió un sistema monetario virtual, sin respaldo o control por Fondos Monetarios Internacionales o la banca mundial, y ajeno a las manipulaciones especulativas de las bolsas mercantiles.

En sus comienzos durante el 2009, gobiernos y la banca mundial se mostraron escépticos respecto a la funcionalidad de esta criptomoneda tratando de desacreditarla como un instrumento para realizar pagos, y su carencia de respaldo por los sistemas monetarios de los países ricos.

Pero gradualmente la criptomoneda obtuvo una limitada aceptación entre los usuarios en el Internet y diferentes compañías establecidas comenzaron a comprar dicha criptomoneda. Este sello de aceptación adquirió respaldo en el 2021 cuando la nueva compañía de automóviles eléctricos Tesla, manejada por el empresario Elon Musk, adquirió $1.5 mil millones de dólares americanos en la criptomoneda denominada bitcoin, estableciendo al mismo tiempo un plan para la aceptación de esta moneda digital en el pago para la compra de dichos automóviles.

En este ambiente de tormenta financiera a nivel macro y micro, en todo el planeta la pregunta fue si la solución de las discrepancias económicas a nivel gubernamental e individual, crearían durante el siglo XXI un tsunami de tal magnitud, que arrasaría con los sistemas institucionales vigentes y mantenedores de todos los sistemas económicos.

La revolución industrial que se inició en Gran Bretaña en el siglo XVIII y que abarco a todo el planeta hasta comienzos del siglo XX, fue el precursor de dos guerras mundiales.

Estas guerras alteraron el curso de los avances tecnológicos en la primera mitad del siglo XX, dejando una devastadora senda a su paso, con casi 12 millones de muertos, ciudades históricas totalmente destruidas y un sistema económico que principalmente beneficio a Estados Unidos, al tanto que casi desmorono el sistema económico europeo y del resto del mundo.

Ello dio paso a los principios del liberalismo y el tipo de economía, que esta tendencia política traería a todo el planeta a partir del siglo XX y que se ha extendido hasta el siglo XXI.

A nivel macroeconómico, los gobiernos de los nuevos países ricos comenzaron rápidamente a controlar las disparidades económicas internas, introduciendo políticas nacionales para incrementar financieramente los sistemas de salud y transporte, estableciendo políticas migratorias favorables mediante la utilización de recursos humanos y naturales propios, y con las explotaciones de los recursos naturales de países subdesarrollados.

Con ello los países ricos continuaron internamente creando una expansión de la clase social media acomodada, que a nivel de microeconomía estableció una fuerte demanda consumista y facilito la expansión industrial de capitales mediante el ingreso de impuestos, para fortalecer las arcas fiscales de sus gobiernos.

Esto produjo la expansión de las instituciones destinadas a la protección del poder económico y de la clase adinerada con un aumento en su poder consumidor, y un sistema expandido de inteligencia para seguridad nacional, respaldado por una fuerza militar, con superioridad tecnológica.

La nueva clase media alta, ahora con poder adquisitivo, comenzó a demandar no solo una igualdad económica, sino también igualdad de poder en lo relativo al manejo de la distribución de fondos macroeconómicos.

Esto promovió la revisión de sus derechos humanos y el discriminatorio manejo de las instituciones de poder, que habían sido establecidas en los anteriores siglos por las clases oligárquicas gobernantes. Esta demanda se hizo presente en el control del poder sobre el resto de sus compatriotas y las clases bajas del resto del planeta.

El principal similar problema que se creó a partir de fines del siglo XX, con la nueva tecnología digital, pero con mayor impacto que el de la revolución industrial, fue la conectividad vía internet de las clases medias y bajas. Estas se incorporaron remotamente a los sistemas de comunicación, se educaron en los beneficios que estaban usufructuando la nueva clase media acomodada de los países ricos, y comenzaron a demandar beneficios similares.

Esto origino fuertes estallidos sociales internos, con movimientos migratorios de aquellos que quisieron de un golpe salir de la pobreza en sus países de origen, y entrar al sistema neocapitalista liberal de los países ricos, para levantar su calidad de vida al nivel demostrado por las redes sociales de la nueva tecnología.

Paralelamente las compañías productoras de bienes de consumo de los países ricos, comenzaron masivamente a mover sus producciones consumidoras de altos recursos humanos a los países subdesarrollados, en busca del abaratamiento de los costos de producción, para de esta manera mantenerse competitivos en los mercados mundiales dentro de las nuevas clases con poder consumidor del planeta.

A principios del siglo XXI, esto origino otro cambio macro económico global impulsado por la clase media de los países ricos, quienes sufrieron en sus ingresos por las perdidas de sus empleos, causadas por las descontroladas funciones migratorias, de la producción en artículos suntuarios, hacia los países pobres.

Empujados por el populismo de las políticas de derecha, la oligarquía logro controlar los gobiernos en distintos países, subiendo al poder bajo la promesa de regresar a sistemas económicos nacionalistas, levantar murallas anti migratorias, y crear sistemas protectores de las industrias que habían trasladado sus producciones a los países pobres del denominado tercer mundo.

El sistema tradicional de economía capitalista impulsado por la productividad humana, la cual hasta este momento había sido el motor de los ciclos económicos producidos por la deuda a corto y largo plazo, comenzó a demostrar la necesidad de un reajuste total.

La rueda delantera de mi camión económico, comenzó a sentir las repercusiones de esta nueva ruta, creada por la formación de múltiples curvas y baches en el camino, cuya manutención dependía de las transacciones totales que determinaban el precio de los bienes de consumo.

Los gobiernos en los siglos pasados se habían convertido en los principales compradores de bienes, al tanto que los bancos centrales controlaban los créditos y la cantidad de dinero circulante usando la tradicional herramienta macroeconómica de subir y bajar los intereses.

A pesar de que la productividad del planeta continuaba en ascenso, los ciclos económicos de prosperidad y expansión, empujados por el crecimiento industrial, comenzaron a crear sistemas inflacionarios con la expansión del crédito.

Esto motivo a las bancas centrales de los países ricos a elevar los intereses, produciendo inmediatamente una deflación en un estado de recesión, que a comienzos del siglo XXI se le rebautizo como un reajuste económico.

Nuevamente aplicando principios macroeconómicos, que los gastos son los que empujan la economía, los gobiernos de los países ricos, a través de sus bancos centrales, comenzaron a reducir los intereses a fines de evitar el colapso mundial de la economía, estimulando con ello el crédito y el endeudamiento de la clase media en los países ricos.

La economía mundial tuvo un nuevo impacto ocasionado esta vez por la inesperada y mal controlada pandemia del 2020 que, al margen de detener la actividad económica de todos los países, abrió la puerta a la discusión sobre el denominado gran reajuste económico mundial.

En medio de la pandemia, el establecido Foro Económico Mundial de Europa, se reunió en el centro de ski de Davos, en los Alpes Suizos, para establecer las pautas de este gran reajuste económico, contando incluso con un discurso preparado por el el entonces príncipe y ahora rey Carlos III de Gran Bretaña.

La idea central fue de incorporar a todos los sistemas económico-basados en capitalismo neoliberal, que propicia las teorías de Keynes y Friedman, a través de un crecimiento continuo mediante la expansión de los gastos impulsados por el buen crédito, con nuevas mediciones que incluyeran aspectos del medio ambiente y sociales, con una limpia transparencia gubernamental en sus aplicaciones.

Este tipo de reajuste tenía más la apariencia de una pincelada suave, a un sistema mundial económico que se estaba enfrentando con la tormenta perfecta, producida por la tecnología, la pandemia y la crisis económica del sistema capitalista.

Si a esto le agregamos el desastre ecológico, con el calentamiento atmosférico creado por el abuso de la energía fósil, la enorme cantidad de basura creada por el consumismo impulsado por el gasto mantenido por intereses bajos, y los créditos de dudosa sustentación, estamos ahora no hablando de una tormenta económica, sino de un huracán.

En esta reunión estaban los mayores representantes corporativos de las mas poderosas empresas multinacionales. Las presentaciones todas tenían el mismo tono de socializar las empresas e impulsar los aspectos sociales y sus compromisos con el medio ambiente.

Entre ellos estaba Jamie Dimon, presidente de JP Morgan Chase, uno de los cuatro bancos más grandes de Estados Unidos, quien durante el año de la peor pandemia mundial del 2020, mantuvo un ingreso personal de $31.5 millones de dólares, al tanto que el salario del 40 por ciento de los trabajadores de Estados Unidos, aun está en el mínimo de 15 dólares la hora. A millones de familias americanas esto no les permite enfrentar mensualmente, ni siquiera un pago de una cuenta de 400 dólares, fuera de sus gastos de supervivencia, ya sea por motivos de salud o para manutención de sus automóviles.

Esta disparidad de salarios, cuya brecha es cada año más amplia en el mundo corporativo mundial, se presentó al grueso de la humanidad como un completo abuso del sistema capitalista, más aún cuando en el 2020 los gobiernos paralizaron la economía por la pandemia, que dejo a millones de personas sin trabajo, sin hogar, con sus créditos al máximo, sin respaldo de capitales, y sumergidos de regreso a la pobreza.

El sistema capitalista limita a sus ejecutivos para tener un comportamiento social con sus empleados y la comunidad, por cuanto el principal objetivo es el continuo crecimiento de las corporaciones, y obliga a sus ejecutivos a basar las decisiones y acciones a corto plazo, para conseguir nuevas ganancias y crecimiento del capital, con el cual beneficiar exclusivamente a sus accionistas.

Por ello la percepción de las masas populares es considerar, que el mundo corporativo actual, tiene solo un comportamiento sociópata, en lugar de un honesto compromiso social impulsando por aspectos sociales y respeto por el medio ambiente.

Es difícil pensar que las palabras del rey Carlos III de Gran Bretaña, o de Jamie Dimon en sus entrevistas televisivas, fueron suficientes para impulsar un cambio de esta mentalidad empresarial y de esta forma empujar el nuevo gran reajuste económico.

En el 2020 las 26 personas más ricas del mundo amasaron 1.4 trillones de dólares y se estima que más de 30 trillones de dólares están en bancos depositados en los llamados paraísos fiscales donde no se pagan impuestos.

Si analizamos solamente la industria textil mundial en el sector de vestimentas, que fabrican la ropa para todo el mundo con las conocidas marcas para mujeres y hombres, todos con un mercadeo publico realizado por las grandes luminarias mundiales en el mundo de la entretención, podemos ver como estas son en su mayoría empresas basadas en la explotación misma de sus trabajadores en los países pobres.

El salario máximo de estos trabajadores, en su mayoría mujeres, en países como Myanmar es de $3.60 por día trabajado, que es generalmente de 12 horas.

Las 10 marcas internacionales más conocidas en la industria de la moda capitalizaron durante el 2018 alrededor de 10 billones de dólares con ganancias de otros $18 billones de dólares para sus accionistas y propietarios, mientras que las mujeres que fabrican estas marcas en Bangladesh ganaron 2.84 dólares por 10 horas de trabajo.

En la segunda mitad del siglo XXI, durante tan solo 79 años, equivalentes a una generación a partir del 2021, el planeta deberá encontrar soluciones económicas capaces de enfrentarse con brechas cada vez mayores en la distribución de ganancias por parte de las empresas multinacionales con sus trabajadores, de pensiones por el envejecimiento de la humanidad, solución de pandemias más poderosas y la limpieza masiva del ecosistema que nos mantiene vivos.

De tal forma, que cualquiera sea el reajuste económico que hagamos, deberá tener como centro no a una macroeconomía diseñada por monarcas, lideres de la banca internacional de los países ricos y billonarios, si no a los trabajadores de los países pobres que explotan como centros de su solución.

La solución deberá encontrarse dentro de una microeconomía diseñada por lideres responsables de equilibrar la distribución de la riqueza mundial, que tenga como meta central el incorporar a la clase media consumidora al 90 por ciento de los humanos del planeta, quienes viven al borde de la supervivencia, y que desean participar en forma humanitaria en la división de las ganancias corporativas.

Los países ricos, que actualmente los conocemos como los G7, tiene que cambiar sus políticas económicas neoliberal capitalistas internacionales, para financiar planes reales con distintivas ayudas económicas a los países pobres.

Basados en los mismos principios macroeconómicos discutidos anteriormente, la rueda económica de la clase media, que en este momento está perdiendo presión y desinflándose al punto de llevar al planeta a una recesión proporciones por un desmembramiento económico, deberá hacer una completa manutención con cambios en sus amortiguadores y rodamientos.

Los rodamientos para cambiar consistirán, no solo en políticas de austeridad, que deberá empujar la banca central elevando sus intereses de crédito, sino en políticas honradas para detener un consumismo desproporcionado en los países ricos, que hasta el momento solo ha creado un basural de proporciones, que debe ser absorbido por los países pobres.

Para ello la banca deberá estar dispuesta a reestructurar las deudas de sus acreedores en países tercer mundistas, al mismo tiempo que los gobiernos fiscalizan el pago proporcional de impuestos de los adinerados.

Esta redistribución de la riqueza mundial deberá ser respaldada por la impresión de dinero de los bancos céntrales en los países industrializados, comprando con ello bienes capitales y bonos gubernamentales.

Esta es la fórmula macroeconómica para salir de lo que ahora se denomina como desempalancamiento, y mover la economía a un nuevo ciclo de expansión con nuevos sistemas de créditos.

Dentro de los amortiguadores económicos, esta nueva política no puede continuar auspiciando sistema de cuotas migratorias, para el mantenimiento de un crecimiento sin límites de sus productos nacionales brutos, mediante la discriminante inyección de mano de obra barata.

Hasta el 2020 se estima que 17,000 personas murieron tratando de cruzar el mediterráneo, para penetrar los países europeos ricos. Grecia, a la publicación de este libro a fines del 2020, tenía en campamentos a más de 75,000 refugiados.

Para que la rueda económica del camión gire armoniosamente con la rueda de la democracia, las soluciones no están en crear mayores problemas sociales ocasionados por macro políticas económicas que solo son aplicables a los países ricos. Los países ricos en su mayoría son manejados por sus minorías blancas, al mismo tiempo que perpetúan un sistema de cuotas de inmigrantes desde los países pobres con el exclusivo propósito de abaratar sus productos.

Esta es la ruta directa para perpetuar el inconformismo, la discriminación y el violentismo que la acompaña dentro de sus territorios.

Una mejor política económica al comienzo de este nuevo ciclo expansionista seria acudir en una ayuda monetaria para el fortalecimiento de las infraestructuras de los países pobres, para incorporarlos como socios a este nuevo ciclo de expansión, y levantar su condición de empobrecimiento permanente.

Esto debiera ir de la mano, con una fiscalización imparcial en el desarrollo económico interno de los países subdesarrollados, ayudándoles a establecer sistemas democráticos transparentes, sacándolos del círculo de corrupción, y de esta manera mejorar la calidad de vida en los países de origen, de todos aquellos que buscan sistemas de vida igualitarios a los del primer mundo.

La manutención de más de 80 millones migrantes desplazados en campos de refugiados en todo el planeta, no es la manera económica ni humana de tratar este problema.

Por otro lado, a las empresas multinacionales, sus gobiernos centrales deben legislar controles sobre los sistemas de producción y seguridad laboral, en todas las regiones del planeta donde tienen actividades comerciales.

Los gobiernos de estas empresas debieran recolectar impuestos de producción extranjera en la venta de dichos productos, y parte de las ganancias que realizan dichas empresas en los países pobres donde mantienen sucursales, fondos que debieran ser utilizados en programas de ayuda en el mejoramiento de las condiciones de vida en esos países y sus sistemas de control del medio ambiente.

Un real reajuste económico mundial, consiste en solucionar los problemas migratorios y levantar la calidad de vida en el 90 por ciento de la población mundial, que vive al margen de la supervivencia, y de esta forma mejorar el deslice de la rueda económica de de todos los camiones que desean transitar, por una verdadera ruta global de la prosperidad individual.

Materia prima de la rueda económica

La rueda económica de cada uno de nuestros camiones está fabricada con una textura externa de una materia prima muy especial, que lo denominaremos inconformismo. El planeta dividido está viviendo en este siglo XXI, el implante de un masivo y desproporcionado inconformismo, que se ha expandido dentro de las nuevas generaciones a partir del 1990, y qué es un elemento que puede tener un desastroso impacto dentro de la macro y microeconomía.

Existe otra rueda que le hemos puesto al acoplado de cada camión, que ayuda a incrementar esta materia del inconformismo dentro de la rueda económica. Esta rueda se llama tecnología y la analizaremos más adelante en detalle.

Basta por ahora saber que la tecnología, con sus algoritmos descontrolados, ha intentado convencernos que todos somos iguales. Con su apetito voraz por entregarle a cada individuo de este planeta la posibilidad de tener millones de seguidores en sus diarias intervenciones y expresiones en las redes sociales, ha dado rienda suelta a la repartición de una nueva singular forma de relatar hechos considerados verídicos, pero sin ninguna base en su confirmación.

Ya no solo es Martin Luther King Jr., quien nos recuerda constantemente con su mensaje de Tener un Sueño sobre la igualdad y libertad de la proclamada Constitución Política de los Estados Unidos, sino que todos en este planeta ahora pueden dialogar y ser partícipes de este sueño, que tal como lo dijera Pedro Calderón de la Barca en el siglo XVIII, hemos convertido la realidad en sueños, creyendo que la vida es un sueño, aunque los sueños, sueños son.

Porque después de casi 10 mil años de vivir en esta roca que nos alimenta y da vida, aun estamos soñando con igualdad y libertad, en un planeta que ha estado desde sus origines totalmente dividido en diferentes castas, que observan un desproporcionado poder económico y militar, que mantiene desiguales discriminantes y amordazamiento del pensamiento.

Los principios que gobiernan la riqueza y el poder están bien definidos por los expertos, las estadísticas, los libros y las arcas que guardan el conocimiento acumulado hasta este tiempo.

Con la expansión de la información impulsada por los avances tecnológicos del siglo XX y XXI, ahora podemos tener acceso y visualizar las secuencias de los eventos en los distintos rincones de este planeta.

Esto nos permite analizar a fondo y con gran precisión, la causa y efecto de estos acontecimientos, y de esta forma lograr analizar las desviaciones que ocurren en los distintos ciclos de progreso, orden y caos, que cada vez se repiten en tiempos más cortos.

Utilizando una base de macro data, y con los algoritmos existentes en cualquier computador del siglo XXI, se puede crear un modelo con el cual visualizar con gran precisión, como estos ciclos de prosperidad, inestabilidad, desorden público, caos, y el nuevo régimen de regreso a una nueva corta prosperidad, se van repitiendo a través de la historia de los países.

La lucha de clases no es algo nuevo a este siglo, ni es diferente a las luchas anteriores a través de la historia humana.

Esta lucha siempre se ha centralizado en llegar a tener el poder, con el fin de manejar las riquezas del planeta, en cualquiera de los sistemas de gobierno democráticos, oligárquicos, dictatoriales o monarquico que han existido.

Siempre en el péndulo de esta batalla están enredado los conceptos de libertad e igualdad que, en cada documental sobre estallidos sociales mundiales, vuelven a repetirse en forma similar a una cadena de olas estrellándose contra las rocas.

La palabra igualdad proviene del latín aequalitas, que es una composición de un adjetivo con dos sufijos, que originalmente se interpretaban como la calidad relativa a lo que es justo, equilibrado y equitativo.

Ahora bien, este concepto de igualdad cuenta con múltiples aplicaciones desde la matemática a la física o para definir diferentes aspectos de la sociedad.

Pero en el jergón político la calificación que se le da a la igualdad, está en su gran parte dirigida a la igualdad ante la justicia de acuerdo con las leyes prevalecientes, sin distinciones de clases sociales en las que estamos enmarcados.

La parte calificativa de la palabra tiene que ver con la aplicación justa, equilibrada y equitativa en el ejercicio de los derechos civiles de cada individuo, sin distinción de casta.

En forma cuantificativa, si a más del 50 por ciento de los que enfrentan los tribunales de justicia se les aplica la ley sin distinción de clase social, se podría llegar a determinar que estamos frente a la aplicación democrática, de un sistema de justicia igualitario.

Pero si la balanza en el sistema judicial se carga más hacia el lado discriminatorio para una determinada clase social, entonces no podemos decir que exista una función igualitaria de la ley y un cambio drástico debe ser implementado en las instituciones involucradas en la aplicación de leyes.

Este es el caso en Estados Unidos con el surgimiento de un movimiento social denominado Black Life Matters, impulsado por los afroamericanos, donde se ha detectado una malversación del sistema de justicia, con un hincapié en la detención y ejecución de miembros de dicha clase que no es justa, equilibrada, ni equitativa.

En los sistemas políticos democráticos siempre existirá una interpretación diferente en la manera como se aplican las leyes, dependiendo en la habilidad del abogado defensor en contra del abogado fiscal, que generalmente se traduce en un debate a nivel de tribunal, donde se confrontan fiscales, defensores, acusados y víctimas.

En todos los tribunales judiciales de países democráticos del mundo. existe la confrontación de estos conceptos, ideas y palabras, todas las cuales contienen argumentos polémicos, los cuales demarcan rivalidades concretas con el fin de obtener los resultados favorables, una vez llegada la hora de la decisión jurídica final.

Esta es una confrontación generalmente caballeresca, pero bien similar a como las que sostienen aliados y enemigos en un campo de batalla, y que pueden llevar a la sociedad dividida inicialmente a enfrentamientos callejeros, ahora denominados estallidos sociales, o a una abierta revolución, como lo han sido los casos de Cuba y Venezuela, hasta una guerra, como lo es el caso del Medio Oriente, los países Bálticos y Ucrania.

Según Carl Schmitt el jurista predilecto del nacionalsocialismo o fascismo en la Alemania de Hitler, escribió acerca de dichas confrontaciones humanas llegando a la conclusión, que estas siempre han existido y continuaran existiendo. Lo esencial para Schmitt era la clara distinción que debía existir entre amigos y enemigos:

"Todos los conceptos, ideas y palabras de los políticos poseen un sentido polémico; tienen a la vista una rivalidad concreta; están ligados a una situación concreta cuya última consecuencia es un agrupamiento del tipo amigo-enemigo (que se manifiesta en la guerra o revolución) ; y se convierten en varias abstracciones fantasmagóricas cuando esta situación desaparece."

Volviendo al caso de las pandemias que el planeta ha enfrentando cada vez con mayor intensidad y fatalidades, es claro que han comenzado a crear este tipo de relaciones que existen desde el nivel familiar hasta el de los gobiernos.

Los países más avanzados en materia científica son los que están a la vanguardia en la fabricación de una vacuna, que protegió en la primera parte del siglo XXI a todo el planeta, y forzó a un aislamiento territorial, que se implanto como política de protección sanitaria.

Sin embargo, en el 2021 ya estaba ocasionando fricciones entre los países productores de la vacuna, y aquellos que dependen para su protección de un abastecimiento en forma igualitaria.

A nivel nacional se crearon divisiones entre aquellos que aun mantenían que la pandemia del Covid-19 era solo una gran confabulación promovida e implantada por los que mantienen el poder económico, para mantener a las masas populares bajo su control.

Mas aun, a nivel individual emergieron estadísticas de aquellos que estaban dispuestos a vacunarse, y aquellos que se oponían a una vacuna, cuyos efectos posteriores aun no estaban científicamente evaluados.

Luego surgió la división interna entre aquellas personas que recibirán las vacunas en primera, segunda y sucesivos periodos. Algunos individuos fueron multados por tratar de romper la línea establecida por los gobiernos para vacunarse antes de su turno.

En el campo internacional se ocasionaron confrontaciones entre aquellos países productores de la vacuna y aquellos recipientes.

Es el poder económico el que ha demostrado cuales países son los que estarán en el futuro inmunizados con anterioridad, y aquellos otros que tendrán que esperar en línea enfrentando mortalidades por la carencia de vacunas.

Este dictamen político agudiza la división interna entre aquellos que consideran la pandemia una farsa y un atentado a sus derechos de libertad móvil, y los que desean establecer restricciones de aislamiento, uso de máscaras y distanciamiento social, rigurosamente observadas por todos.

¿Qué podemos entonces esperar de a segunda mitad del siglo XXI?

Es muy probable que vendrá a demostrar en forma categórica, algo muy similar a lo que ha acontecido en los dos últimos siglos, donde estratégicamente, aquellos países que sean los más avanzados en los campos de inmunología, tecnología y fertilidad, van a ser los que guiaran al planeta dividido por los senderos de su conveniencia económica.

Estos países, de continuar con los sistemas económicos descritos en el capítulo anterior, deberán a su vez protegerse de ataques, no a sus territorios, sino en su mayoría biológicos, o de invasiones de inmigrantes, con revoluciones sociales internas que continuarán en cada país del planeta dividido.

Para mantenerse sustentando una mejor calidad de vida, los países ricos deberán resguardar su superioridad económica y militar mediante el continuo desarrollo de la investigación científica y posterior implementación en los tres campos estratégicos de tecnología, investigación y desarrollo.

Es muy improbable que las organizaciones mundiales, como lo son las Naciones Unidas y la Organización Mundial de la Salud, van a contar con el poder y respaldo de los países ricos para mejorar las posibilidades de supervivencia a futuros ataques de pandemias, impulsar políticas de mejoramiento económico y ambiental, evitar la invasión de inmigrantes de los países pobres y eliminar las sistemáticas luchas internas sociales.

Volviendo al inconformismo.

Esta materia que ahora es la que exteriormente hace funcionar la rueda económica a través de sus gastos desproporcionados, que en los países ricos parecen no tener límites, se ha propagado a los países pobres, los cuales, montados en la rueda de la tecnología, también están manifestando este tipo de conducta.

En el ciclo deflacionario global existente en el 2021, donde la rueda económica comenzó a perder presión, su rodaje se hizo difícil. La conducta del inconformismo comenzó a ejercer un sobre calentamiento a cada una de nuestra rueda económica, con el realineamiento de las tasas de interés, que es la herramienta necesaria para iniciar un ciclo de expansionismo, produciendo un conflicto mundial muy similar al ocurrido en el siglo pasado en los años 1938 y 1939.

A nivel individual nuestra rueda económica debe contar con cierto capital de respaldo, que nos permita continuar la ruta acarreando nuestra carga social, especialmente la de nuestro circulo social más inmediato (la familia), mientras pacientemente esperamos a la nueva ola del resurgimiento económico en los países ricos. Esto significa tener la mejor forma de controlar nuestro inconformismo, por lo que consideramos un descenso en nuestro diario nivel de consumismo, y evitar el endeudamiento de por vida con nuestras tarjetas de crédito para mantenerlo.

La carga social de la disparidad

Nuestro camión con su acoplado lleva ahora una carga social de magnitudes con una disparidad de pasajeros, que solo desean llegar a un destino más propenso para bajarse y subirse a su propio camion, antes de convertirse en víctimas de contaminación, lideres despóticos, o empujados fuera del acoplado por otros pasajeros descontentos.

Cada uno de estos pasajeros viajan con sus propias maletas donde traen guardadas sus opiniones, el pasado que han dejado atrás, los temores, las ansiedades, y las esperanzas.

Analicemos la distribución de la carga social y su disparidad.

En enero 1 del 2021, el planeta sobrepaso el millón de víctimas que fueron atacadas por el coronavirus llamado Covid19 y que fue descubierto en la China en diciembre del 2019.

El veinticinco por ciento de estas víctimas correspondía a Estados Unidos, el país que se consideraba el mas democrático, industrializado y económicamente poderoso del mundo.

A principios del 2021, aun no contábamos con un plan sanitario global, al cual todos los habitantes del planeta se subscribieran, más aún cuando la política se había entremezclado con los estudios científicos, creando una más profunda división, ahora a nivel no solo de país, sino de familia.

Donald Trump, presidente de Estados Unidos en el 2020, malgasto sus energías y trabajo diario, intentando comprobarle al mundo, que las democráticas elecciones presidenciales, donde perdió por su incapacidad administrativa en materias de economía nacional, y el manejo de la pandemia, habían sido un fraude.

A pesar de haber sido personalmente contagiado por el virus Covid-19, Trump no fue capaz de establecer un programa sanitario para el grueso del pueblo americano, dejando un sendero de mortalidad, por una pandemia mal administrada.

En doce meses el número de fallecidos por el coronavirus en Estados Unidos fue mayor, que el de todos los soldados de esa nación muertos en la Segunda Guerra Mundial del siglo XX.

Su retórica sobre el fraude electoral llevo a un grupo de seguidores a tratar de realizar un golpe de estado asaltando la casa de representantes (Capitolio), base del gobierno y democracia americana.

Este fue el sello de oro de su incapacidad, egoísmo, ignorancia y total falta de criterio como presidente de la nación aun más económicamente poderosa de este planeta, al incitar a un grupo de fanáticos seguidores con una propaganda poderosa a través de las redes sociales, provocando y luego tratando de detener, un asalto a la sede parlamentaria, ocasionando muertos y heridos.

Solo un aprendiz a dictador de un país tercer mundista con régimen autoritario comete la cantidad de errores, como líder revolucionario a cargo de la toma de poder del imperio de Estados Unidos, sin contar con el respaldo militar de las milicias mejor entrenadas de todo el mundo, en el combate cara a cara.

Fue lastimoso ver en televisión mundial el 6 de Enero del 2021, como un desorganizado grupo de individuos recibiendo ordenes presidenciales a través de las redes sociales de Twitter y Facebook, tuvieron la infantil aspiración de intentar movilizar a todas las masas populares para apoderarse de la Casa de Representantes del Gobierno de Estados Unidos, y sin confrontación policial, decretar nula las elecciones, y con ello destruir el completo sistema electoral del país supuestamente más democrático del mundo.

Ningún asistente a Donald Trump fue capaz de convencerlo, que de haber ido a la escuela de inteligencia de la CIA (Central Intelligence Agency) habría podido recibir algunas buenas sugerencias en el proceso que se lleva a cabo, para desestabilizar a un gobierno y provocar un golpe de estado.

En el libro Mis Años en la Casa Blanca Henry Kissinger dedico un capítulo completo a cómo en el siglo XX, el gobierno de Richard Nixon organizo un golpe de estado en Chile para derrocar al único presidente izquierdista elegido democráticamente.

Donald Trump pensó que prometiendo marchar con banderas y carteles a este grupo de fanáticos seguidores, se apoderarían de la Casa de Representantes para continuar otro periodo como Presidente. Sus incendiarios argumentos los lanzo al enfrentamiento con todos los parlamentarios de Estados Unidos, incluyendo a su propio vice presidente, con el propósito que, por la fuerza, declarar las elecciones nulas, que había perdido contra Joe Biden.

Cualquier individuo con un gramo de sentido común, puede comenzar a dudar de la estabilidad mental de cualquier nuevo postulante a dictador de los Estados ahora Desunidos, que cuenta con la autoridad para apretar un botón y armar una guerra nuclear, que podría acabar con el planeta.

El grupo de fanáticos al que se les convenció de una hazaña solo digna de valentía cinematográfica, muchos terminaron en presidio o pagando costosas multas por los destrozos y muertes ocasionadas, a quienes se les entrego una lección de no continuar defendiendo una propaganda de hechos falsos.

El dilema que se le presento a los políticos americanos en los siguientes días a esta bochornosa mundial demostración de fascismo derechista, fue mantener el orden dentro de la Casa Blanca para evitar, que su principal temporal ocupante, no cometiera un acto de locura, del cual el resto del planeta tuviera que sufrir sus consecuencias.

Afortunadamente, bajo un impresionante despliegue de fuerzas de seguridad, para evitar mayores actos inconstitucionales, el gobierno americano pudo llevar a cabo la transferencia de mando, sin la presencia de su expresidente, evitando de esta manera otro bochorno en el escenario mundial, de la incapacidad para mantener los principios fundamentales de democracia.

Impulsados por esta inestabilidad política y confrontaciones entre los lideres de los partidos políticos, diferentes grupos por órdenes de Donald Trump al termino del 2020, habían iniciado sin éxito, debates legales sobre la validez de las elecciones presidenciales americanas.

Olvidándose de las responsabilidades que debieran haber demostrado el derrotado e intransigente presidente, y el daño ocasionado al pueblo americano no solo con la mortalidad del virus, sino por el cierre del país en sus actividades económicas, Donald Trump concentro todos sus esfuerzos en demostrarle al mundo que había sido víctima de una conspiración izquierdista y un fraude electoral de proporciones absolutamente inexistentes.

Finalmente se vio obligado a capitular y aceptar su derrota saliendo de la Casa Blanca en dirección a su mansión de Mar-a-Lago, en el estado de Florida, donde recibió la notificación de ser procesado en su destitución como presidente por segunda vez y la confirmación de su reemplazo en la presidencia de Estados Unidos por su opositor Joe Biden.

La profundidad de la división social creada, no solo en Estados Unidos, sino en el resto del planeta, al ser todos testigos de estos bochornosos acontecimientos, dentro de un sistema frágil de democracia, será durante el siglo XXI, lo que continuará provocando disputas dentro de las mayormente fragmentadas sociedades del planeta.

Esta división estaba ya en aumento desde el conocimiento del coronavirus (Covid-19) en la China a fines del 2019 y su rápida propagación por todo el planeta debido a su extremada fácil expansión mundial.

A partir del comienzo de la comunicación sobre la existencia del Covid19 en diciembre del 2019, se distribuyó mundialmente información a través de las redes sociales y televisión de como debíamos protegernos de esta nueva pandemia, la tercera de este siglo XXI.

Los médicos especialistas en epidemiologías nos aleccionaron en como aislarnos dentro de los círculos inmediatos que nos rodeaban, el tipo de máscaras que debíamos utilizar, el número de lavados de manos diarios, las diversas intrincadas formas de salubridad en el hogar, las políticas de distanciamiento en lugares públicos, y en general las medidas de sanidad que los gobiernos debían implementar, para evitar un incremento en la propagación de la mortal infección, con los paliativos al comercio para amortiguar el desastre económico generado.

Las clases media y alta comenzaron protegiéndose del potencial ataque viral mortal con exámenes médicos y distintos experimentos de medicaciones, no todas ellas científicamente comprobadas, de las probables infecciones de virus tan violentos como el Covid19 o inofensivos como la anual contagiosa gripe de invierno.

Para el común resfriado viral anual del planeta, existe un arsenal de vacunas que tratan de adivinar los fármacos con el tipo y nueva mutación del virus de la gripe, que nos atacara durante los crudos días del siguiente invierno.

La gran carrera científica del 2020 fue por una nueva vacuna que nos inmunizo contra este coronavirus, que inicialmente se atribuyó a una mal practica de los doctores de inmunología de un laboratorio experimental en Wuhan, China.

A fines del 2020, con una velocidad científica impresionante, se logró llegar a vacunas para combatir este virus.

Sin embargo, la pandemia pasara a la historia del siglo XXI como uno de los mayores errores científicos y políticos, en la rápida propagación de un contagio, con las mayores confabulaciones, impactos mortales, legales y económicos en todo el planeta.

Enfrentar nuestra mortalidad es una difícil tarea y esta se complica, cuando al margen de esta batalla de sobre vivencia aparecen todos los comentaristas, gurús y aficionados a las ciencias para explicarnos en televisión y por las redes sociales, como el virus es realmente más mortal o menos que otros virus. Esto fue amplificando por las confabulaciones de como tendrá repercusiones mentales, provocará un desastre financiero con una parálisis económica mundial, y que definitivamente cambiaria nuestros comportamientos.

Los análisis de las soluciones a partir del 2020 fueron todos similares y enfocados desde el punto de vista de una clase media acomodada, que vive en la parte occidental del planeta disfrutando de los avances tecnológicos y un consumismo ilimitado.

La pandemia fue politizada a nivel mundial estableciendo comparaciones ideológicas.

Con una u otra variante, explicaron nuevamente la formación, éxito o fracaso a partir del siglo pasado, y después de la conocida revolución industrial, del comunismo, marxismo, estalinismo, leninismo, populismo derechista y neoliberal capitalismo predominante en el planeta a partir del siglo XIX.

La intención de estas explicaciones en tendencias ideológicas tenía como propósito demostrarle a todo el planeta las ventajas y desventajas de los sistemas económicos comunistas versus los neoliberales capitalistas, y cuál de ellos defendería mejor al planeta de la pandemia.

La clase media acomodada y la clase alta, quienes han venido lucrando del avance de las revoluciones industriales y tecnológicas, volvieron a denunciar que los izquierdistas eran unos bárbaros; que deseaban apoderarse del capital creado por la clase media alta y aristocrática mediante actos violentos; que nunca han tenido un propósito de vindicación para los pobres; y que era solo una lucha por el poder.

Luego concluyeron que los desvalidos, o clases media laboral y baja, no podían esperar una vindicación o mejoramiento en su calidad de vida por gobiernos centrales izquierdistas, sino que debían aprender individualmente a batallar y triunfar en el mundo democrático de oportunidades capitalista, para mejorar su posición económica.

Por otro lado, los sistemas capitalistas, ahora con toques de populismo neoliberal separatista, continuaron denunciando que la única forma de mantener la calidad de vida lograda por los privilegiados y mejorar la condición social de todo el planeta, era con un continuo crecimiento económico impulsado por un consumismo sin límites de las clases acomodadas.

En lo que va del siglo XXI, no es materia de preocupación para los grupos políticos, el despilfarro de los recursos naturales del planeta, que todos los humanos compartimos, así como tampoco el volumen de pobreza, por cuanto lo primordial es mantener un eterno control del poder, por parte de cada uno de los que desean ser partícipes de una desigual competencia individual.

Como Aristóteles lo indico a comienzo de la civilización moderna, los extremos nunca son conductivos a una solución igualitaria. Más bien es el término medio el cual tiende a provocar una solución aceptable con un balance humanitario.

Los resultados en Latinoamérica de los gobiernos izquierdistas, algunos democráticamente electos, por las clases bajas y laborales que son mayoritarias, todos sin excepción han sido un total fracaso económico.

Este impacto social no solo ha sido para los privilegiados de esos países, sino que para el grueso de la población que sufre por igual o con mayor intensidad el descalabro producido por los bloqueos comerciales de los países ricos.

La inmediata reacción por la clase media al descalabro económico izquierdista, fueron las marchas de las cacerolas vacías y el grito por intervención militar, con el respaldo de la clase laboral afectada por las cesantías ocasionadas por la desaparición del inversionista mediano y extranjero.

Esto dio paso a principios del siglo XXI a los populistas de políticas de derecha, que llegaron al poder con la falsa proposición de ser la máquina reparadora del desastre ocasionado por la izquierda representante de los pobres.

Pero la nueva derecha también fracaso en sus promesas de una mejor calidad de vida igualitaria y con sus economías de mercado abierto, provocando una mayor brecha económica entre los que tienen y los que no tienen, y generado el descontento de las masas populares por el incumplimiento de las promesas electorales.

A fines del 2019 comenzaron nuevamente los estallidos sociales de la endeudada clase media laboral organizados por la izquierda, apoyando a vándalos, delincuentes y narcotraficantes de cada región, como una forma anárquica de desestabilizar los gobiernos derechistas para regresar a los fracasados gobiernos populares de izquierda.

El coronavirus a comienzos del 2020 llego como un milagroso enviado celestial, tanto para los gobiernos izquierdistas como derechistas, para evitar ser ambos expulsados por sus incompetentes incumplimientos electorales y mala administración.

Los políticos tuvieron que volcar sus luchas de poder en búsqueda de una solución global para evitar una masacre sanitaria, que principalmente afecto inicialmente con mayor intensidad a los adultos de las clases medias, laborales y bajas.

La pregunta que todos se comenzaron a formular fue: ¿Dónde está la varita mágica para solucionar los problemas sociales, económicos y ahora de salud creados por la pandemia en nuestra sociedad dividida?

¿Será que todos los políticos mundiales del 2020 desde Donald Trump en Estados Unidos, a Nicolas Maduro en

Venezuela, fueron unos ineptos e ignorantes quienes solo intentaron proteger sus respectivos poderes favoreciendo económicamente a sus círculos familiares, aliados políticos y contribuyentes a sus aspiraciones de mando?

Las redes sociales comenzaron a mostrar a todo el planeta que lo más verdadero durante la primera mitad del siglo XXI fue, que entre los políticos y lideres de las instituciones protectoras de los derechos civiles, existía una total carencia de honestidad, falta de ética y moral para enfrentarse con la corrupción institucional.

El planeta había caído en la mediocridad de liderazgo con una sociedad dividida entre una clase de privilegiados con una filosofía hedonista y consumista, dirigida por un grupo de figuras políticas del mismo estilo, despertando nuevamente la ira de los desvalidos y una clase izquierdista provocando desordenes sociales para asumir el poder.

Las arterias principales de las capitales del mundo se volcaron al vandalismo anárquico, para conseguir a cualquier precio subirse al carro de los acomodados, bajo la dirección de una sucesión de políticos izquierdistas oportunistas y derechistas populistas solo ansiosos de poder.

El líder comunista Vladimir Putin, cambio su curso izquierdista por una vía semi capitalista, para tratar de levantar la calidad de vida de las clases medias y bajas rusas, mientras que desesperadamente durante el 2020 trato de apernarse en el poder encarcelando posibles adversarios políticos dentro de su país, y luego desviando la atención del pueblo ruso en el 2022 con una guerra expansionista contra Ucrania.

China, al mando de Xi Jinping, transformo a ese país en el supermercado mundial, manteniendo un sistema político medieval, con igual explotación de las clases laborales y con actitud dictatorial a todo lo que fuera democracia, libertad individual o derechos humanos, con igual vigor a lo que se ha experimentado en toda América.

China gradualmente no solo se convirtió en líder del abasteciendo al planeta con sus artículos suntuarios. Al mismo tiempo y en forma silenciosa se fue apoderado del sistema de distribución comprando puertos en Europa y Sudamérica, donde establecieron bodegas de almacenamiento para la distribución de sus productos.

Estados Unidos, con Donald Trump, quien también trato de apernarse al poder en el 2020 llevando a su país a un estado de caótica división y confrontación al margen de una guerra civil, adopto una política nacionalista y de persecución a cualquier inmigrante.

Bajo la vieja promesa del partido republicano de hacer a América Grande nuevamente, Trump caduco acuerdos comerciales como su solución para mantener a las corporaciones y sus accionistas felices, promoviendo derechos supremacistas de los blancos y ocasionando una mayor fragmentación social dentro de la comunidad americana.

En resumen, con este tipo de liderazgo, el planeta no estaba preparado para enfrentar las crisis sanitarias, que se han convertido en una sucesión de pesadillas para todos los gobiernos a partir del SIDA, continuando con el Ébola y luego las pandemias de coronavirus.

Las preocupaciones de los lideres mundiales en los países industrializados, fueron las de volver a políticas nacionalista, guiadas por un mandato populista para mantener ventajas económicas, sin tener presente que cada día qué pasaba nos convertíamos en una aldea global atacada con mayor vigor por estas pandemias.

Es como si mágicamente estas políticas nacionalistas protegerían a los grupos que los mantienen en el poder, en desmedro de una solución sanitaria a las pandemias mundiales, que debían solucionar juntamente con el tsunami de la pobreza y el resto de las enfermedades mortales, antes que hicieran sucumbir tanto a los marginados como a los privilegiados.

Durante el 2020 surgió una nueva interrogante.

¿Es la solución a la carga social construir un arca espacial, similar a la de Noe, para evitar la ira de los pobres y los contagiados, y emigrar a otro planeta con lo mejor de la civilización de los privilegiados terrícolas?

Podría ser que este era el nuevo mensaje, por cuanto en lugar de buscar una solución a la carga social creada por la descontrolada inmigración latina, Estados Unidos lanzo una nave espacial con destino a Marte, con un nuevo vehículo explorador, equipado con un helicóptero para recorrer dicho planeta en el 2021, con un costo de $2.46 billones de dólares.

Cuando en febrero del 2021 el vehículo espacial Perseverancia aterrizo en la superficie marciana, comenzaron inmediatamente a surgir las especulaciones del tiempo y esfuerzo humano necesario para colonizar dicho planeta.

La estimación fue que, en 10 mil días a partir de este aterrizaje marciano, habría una colonia humana de unas 300 mil personas, viviendo en forma permanente en ese planeta. Esta colonia de inmigrantes terrícolas contaría con todos los elementos necesarios de producción agrícola, salud, educación y funcionamiento de energía sustentadora, que sería toda exportada desde la tierra.

La gran pregunta entonces es: ¿Por qué a principios del siglo XXI no podemos hacer lo mismo en este plantea llamado tierra, que lo estamos rápidamente dilapidando?

¿Cuál es la racionalidad de ir a una roca inhóspita de la galaxia, para convertirla en un paraíso para 300 mil terrícolas, quienes acarrearan el mismo comportamiento cavernario que amenaza con la destrucción de este planeta?

¿Cuál es el plan de rescate para la inmensa carga social de alrededor de 60 o mas millones de refugiados en campamentos insalubres en todo el planeta?

El costo estimado por Pfizer para desarrollar una vacuna para combatir la pandemia del 2020, fue inferior a la suma invertida en el arca espacial, al tanto que la venta de cada dos dosis necesarias para dicha vacuna, recaudaron 39 dólares a esta compañía, costo inferior a los 40 dólares, que se pagan anualmente, por cada dosis para combatir la gripe.

Sin embargo, no había presupuesto suficiente para lograr producir todas las vacunas necesarias para poder inmunizar a todos los humanos de este planeta y regresar con una mayor visión y comportamiento a arreglar las divisiones que hemos creado desde que comenzamos a colonizarlo.

Tampoco existe un plan de rescate para los refugiados escapados de los países pobres.

Es decir, hay financiamiento económico con mayor capacidad científica y tecnológica para preparar un arca espacial, que una inteligencia global con financiamiento gubernamental para solucionar el problema social de la pobreza, o epidémico, al margen de la mortalidad por hambruna y enfermedades comunes de los desvalidos del planeta tierra.

Individualmente, desde los altos lideres mundiales, hasta el último humano en los confines inhóspitos de este planeta, todos sin excepción, debemos analizar nuestros comportamientos y raciocinios con nuestra carga social, a partir del momento en que abrimos los ojos en este paraíso.

Tomaran dos o más generaciones en poblar Marte, mientras que en la tierra estaremos sobre utilizando recursos para poder enviar a un grupo seleccionado de viajeros interplanetarios a un planeta inhóspito, en viajes espaciales de 4 a 5 meses de duración.

En Marte tendremos que establecer sistemas de gobierno, sociales y de salud para sobrevivir un medio ambiente que es opuestamente inhóspito al que tenemos en este planeta.

¿Seremos capaces de modificar nuestro inhumano comportamiento terrestre en este nuevo y desafiante medio ambiente marciano?

Es nuestra conducta individual minuto a minuto aquí en la tierra, la que primeramente debemos cambiar.

Ello nos puede brindar a todos la gran oportunidad de disfrutar nuestra frágil vida en este planeta, lo cual es un valioso regalo de nuestros antepasados genéticos, y el que podemos enseñar a las generaciones venideras en este diminuto pedazo de roca flotante que viaja con nosotros a través del espacio.

El comportamiento individual en la toma de decisiones para combatir pandemias, cambios climáticos, pobreza mundial y desastres económicos debe estar por sobre viajes espaciales a los confines de la galaxia, y presente en cada instante de nuestra vivencia con una muestra de sinceridad, transparencia, respeto, aceptación y tolerancia con quienes estamos conviviendo en nuestro frágil viaje espacial terrestre.

Este comportamiento debe estar basado en una lógica tan profunda, donde el dinero y su acumulación sin límites no constituyan un instrumento de abuso, sino más bien un papel que permite un trueque de elementos físicos destinados a proporcionarnos a todos los humanos una digna calidad de vida.

¿Será la colonia marciana tan desigual y dividida por política y economía como la que hemos creado en este punto azul del universo?

El nuevo modelo económico que debemos buscar para aliviar la carga social es uno donde el capital no hace al humano, contrariamente a lo dictaminado por Milton Friedman en su economía neoliberal del siglo pasado, sino que todo humano debe estar al centro de su distribución y utilización en beneficio de sus necesidades básicas.

El mercado libre, la especulación en bolsas de comercio y monetaria neoclásica, impulsadas por las doctrinas de la Escuela de Economía de Chicago, no son el único motor de una mejor calidad de vida, donde el capital debe tener un crecimiento exponencial ilimitado para sacar de la pobreza al grueso de la población.

Estas herramientas del capitalismo deben ser los amortiguadores de un elevado comportamiento individual, que nos impulsara a mejorar la carga social y el medio ambiente dónde vivimos, sin la presión del crecimiento ilimitado del capital.

Hasta el momento, las políticas económicas han estado enfocadas en los planes macroeconómicos, que la banca central de cada gobierno ha tomado, para evitar un desastre financiero mundial. Esto ha dado cabida a lo que se denomina actualmente como las economías del rebote, es decir, cuando hay una depresión económica, con ciertas maniobras gubernamentales, se vuelve a incentivar el modelo anterior bajando los intereses de la banca central para recuperar con ello las ganancias institucionales, estimulando el poder consumidor de la clase media y alta, y estabilizar las finanzas fiscales.

De esta forma individualmente la clase privilegiada puede protegerse de impactos financieros, como los que ha ocasionado el Covid-19, a la espera de un resurgimiento económico con el mismo estatus quo. Y aquellos que no logran obtener dicha protección, pasan a ser las nuevas víctimas miembros de la clase pobre, la cual vive a diario con los subsidios gubernamentales o la limosna repartida por algunas privilegiadas almas bondadosas.

Hay grupos de científicos que nos advierten que, de mantener las cuarentenas, los aislamientos y distanciamientos sociales ocasionados por las pandemias, estas acciones van a tener un impacto superior en la mortalidad mundial, por el abandono preventivo al tratamiento de enfermedades críticas.

Por ello para la pandemia del 2020, aquellos que se oponían al aislamiento optaron por promover una solución focal o natural y sin cuarentenas, donde el rebaño humano mundial se auto inmuniza, con lo cual se evitaría una mayor mortalidad que la ocasionada por los virus comunes, que nos atacan en los crudos meses del invierno.

Esta miope visión sobre una solución sanitaria científica, solo refuerza una vez más el pensamiento, que a pesar de nuestra inteligencia, el Homo Sapiens aun no puede racionalizar soluciones lógicas, de acuerdo con una conducta que sea beneficiosa para el grueso de la humanidad.

Es decir que, para salir de esta pandemia, solucionar la pobreza mundial, incorporando a los vulnerables a una vida digna, y solucionar los estallidos sociales, debemos contar con un nuevo comportamiento individual, en lugar de intentar cambiar el sistema institucional vigente.

Son individuos los que aun manejan gobiernos, empresas e instituciones. Es este grupo pequeño de personas, quienes no han sido precisamente sinceros, transparentes y éticos en sus conductas.

Son estos lideres los que han provocado una mayor fragmentación de la sociedad dividida en que vivimos, debido al acumulativo comportamiento cínico de una post verdad (o sencillamente mentiras), por fines totalmente egoístas, muchas veces con una descarada corrupción para mantener su poder.

Vivimos rodeados de individuos que entregan falsas promesas, mentiras que las transforman en verdades, o relatos milagrosos que no tienen soporte científico.

Aun en el siglo XXI, dudamos sí el Covid-19 es en realidad un virus más potente que el resto de los virus que nos atacan constantemente en los inviernos.

Presumimos que esta es una confabulación en conjunto con los individuos que manejan las compañías farmacológicas, con el fin de incrementar sus millonarias ganancias, creando un sentimiento de temor debido a la mortalidad de este nuevo virus.

La segunda ola de contaminación mundial a fines del 2020, se expandió en medio de una batalla entre los que mantenían, que no había que continuar protegiéndonos con cierres de fronteras, negocios y entretenimiento, al tanto que otros lo consideraban un ataque a las libertades personales y financieras, auspiciados por la industria farmacológica, o una conspiración política para mantenerse en el poder.

Algo positivo que emergió de todo este caos, es que debemos cambiar la forma de pensar y que cualquier nuevo sistema económico de la sociedad global para su verdadero mejoramiento, será imposible sin un cambio radical en el comportamiento individual de sus lideres, y sus políticas honestas sobre el común de la gente.

El grueso de los políticos que manejan los países en el ámbito democrático, deberán exhibir conductas honradas y comportamientos sinceros, éticos y transparentes con sus electores, satisfaciendo las necesidades básicas del grueso de la población en lugar de beneficiar solo a sus familiares y grupos preferidos.

Por otro lado, el individuo común deberá hacer un esfuerzo para salir de su ignorancia, rechazando noticias falsas esparcidas por las redes sociales, y eligiendo representantes que estén dispuestos a trabajar por una mejor sociedad.

El daño al sistema vigente de infantes a adultos por la pandemia, con la completa ineficiencia en su manejo, la parálisis económica y la restricción de movimiento de las personas, tendrá un impacto mental de grandes proporciones en la sociedad de los privilegiados, que no es necesariamente el foco de una solución económica mundial.

La pandemia ha sido ultrajada por los lideres políticos mundiales, de aquellos individuos científicamente capacitados para dar respuestas honradas, convirtiéndolas en una herramienta destinada a la manipulación de las masas populares, para sus propios egocéntricos beneficios.

Estados Unidos se contagió en una forma severa con la pandemia del 2020, al incorporarla a su sistema político, en medio de una pugna demencial por la presidencia de dicho país.

El poder imperial de los Estados Unidos que solo lleva dos siglos de existencia, fue fragmentado por sus lideres. Esto es un periodo ínfimo de dominio económico y bélico, en relación con otros imperios que han durado 10 o 20 siglos, antes de auto destruirse.

La fragmentación en Estados Unidos ha creado mayor pobreza y una carga social para el gobierno central americano, por la cual en el 2021 invirtieron $1 trillón de dólares para aliviar su peso.

Sin embargo, en la noche del 29 de septiembre del 2020 los líderes de este país mostraron en televisión mundial con su comportamiento cuasi infantil, por que se estaba desmoronando el camión en el centro mismo de su carrocería, por la excesiva carga de falsedad impuesta por sus inescrupulosos políticos.

Los dos candidatos potenciales a la presidencia de la nación, que se auto denominaba como la más poderosa democracia del planeta, parecieron dos escolares de primaria peleando por un caramelo.

Fue vergonzoso e insólito ver que no se presentara una demostración de democracia real, formulando planes concretos y valederos, sino una conducta infantil de un comportamiento que podía servir bien en países como Cuba, Venezuela, Nicaragua y Bolivia, las naciones africanas bajo el gobierno de un mafioso o los países del Medio Oriente dirigidos por despóticos Shas o Ayatolás.

Todos los países del planeta pudieron observar en 90 minutos de debate en televisión mundial, la conducta de cómo los Estados Unidos de América, la tierra de los libres, la tierra de las oportunidades, la tierra de la gloria capitalista para cada individuo, tenía un liderazgo igual o peor como otro miembro de los países despóticos, que han estado emergiendo por todo el planeta a partir de sus orígenes.

Aquí estaban dos individuos con alta educación, peleándose la jefatura de la mafia como en cualquier bar de la esquina de un barrio de Chicago, para dirigir una de las potencias mundiales.

Ninguna señal de un liderazgo real, con decencia, que hiciera saber al mundo entero, cómo un poderoso y fragmentado sistema democrático, enfrentaría la pandemia, restauraría su economía recesiva, establecería reales políticas para la igualdad entre sus ciudadanos y colaboraría con el resto del planeta en cuestiones de controles sanitarios y climáticos.

El mundo entero estuvo vigilante en los meses por seguir, para esperar cómo estos llamados líderes del mundo libre se comportarían en una verdadera mañana de elecciones democráticas, sin destruirla ni crear una mayor incredulidad mundial en las instituciones que los apoyaban.

Los dos postulantes a la presidencia de Estados Unidos, que debieran haber sido un ejemplo, de cómo individualmente manejar sus asuntos personales sobre una base sincera, transparente, ética y de alto nivel moral, frente a todo el planeta, se presentaron al mundo, uno como el gran jefe de la mafia imponiéndose verbalmente como un vulgar matón con aspiraciones monárquicas, que puede llevar a cualquier país a un estado de anarquía, y el otro como un débil representante de políticas reales sobre cómo todos los americanos pudieran sentirse nuevamente gloriosos de un país con libertades e igualdades.

Si uno de ellos venia demostrando ser un buen charlatán, con un comportamiento de matonaje a todos los que no estuvieran de acuerdo para obtener sus egocéntricos deseos en beneficio propio independientemente de las consecuencias, el otro parecía ser el eslabón más débil del liderazgo que se requiere para guiar soluciones permanentes a los desafíos mundiales en el que vivía todo el planeta desde fines del 2019.

La primera parte del siglo XXI ha demostrado que estamos viviendo en un estado precario de no afiliación por el individuo común, con los partidos políticos y las instituciones gubernamentales, eligiendo a representantes políticos que sean el menor de los males en lugar de capacitados y confiables individuos.

Este sentimiento se ha esparcido a la empresa privada, organizaciones eclesiásticas e instituciones del orden público, policía y militares del mundo, todos quienes deben mantener el buen funcionamiento de la sociedad de los privilegiados, y que han emergido cómo un inmenso foco de corrupción.

Nuestra sociedad dividida se enfrenta ahora a una mayor fragmentada sociedad, entre los pocos que lo tienen todo y la mayoría que difícilmente puede sobrevivir día a día.

A diario hay millones de personas infectadas por diferentes epidemias que pueden matarlos.

Millones de refugiados esparcidos por el planeta arriesgando sus vidas, para alejarse de otros líderes despóticos. Miles de millones de personas viviendo a diario suplicando por un pedazo de pan, o algo para alimentarse y mantener a sus hijos vivos. Millones de personas sin la adecuada atención a su salud por los sistemas médicos, debido a la falta de recursos o dinero.

Todo el planeta observando cómo los cambios climáticos están poniendo en peligro la vida sostenible de la humanidad.

Y luego vemos en la televisión mundial a dos individuos, que no parecían tener ninguna idea o importarles, cómo vive el resto del mundo o por dónde empezar y qué hacer con este tsunami sanitario y económico que puede liquidarnos a todos en la próxima pandemia.

Entonces, ¿Qué hay que hacer?

¿Dejar que la próxima pandemia mate a los vulnerables mientras el resto del rebaño adquiere las defensas inmunológicas necesarias?

¿Construir murallas de contención contra inmigrantes, establecer campamentos de refugiados y luego quemarlos?

¿Cercar barrios de pobreza y favelas con policías y militares, encarcelar y linchar a todo aquel que es de piel oscura?

¿Olvidarnos de las cuarentenas, del distanciamiento y las máscaras y volver a llenar los estadios y salas de entretención mundial para mejorar los mercados bursátiles antes de tener los antídotos de contagio masivo?

¿Esperar que la vacuna correspondiente llegue a tiempo antes del descalabro mental y económico del planeta por la falta de circo?

¿Tratar de ganarnos la lotería del próximo viaje colonizador a Marte?

Para que la carga social del camión sea sostenible este es el acuerdo que debe existir, mientras permanezcamos en este planeta.

Todos debemos regresar a las aulas para salir de nuestra profunda y desmedida estupidez e ignorancia, de como debemos compartir y disfrutar este planeta mientras tenemos salud, y ser felices a diario en un medio ambiente que es más frágil de lo que pensamos.

No más peleas en el patio o en la calle, empujados por matones y lideres sin conciencia.

Utilizar las redes sociales para informarnos cuál es lo mas cercano a la verdad, y no aceptar las mentiras que ahora se han adueñado del internet.

Participar en grupos de desarrollo dentro de la comunidad, para aprender a convivir y escribir artículos o hacer videos en UTube sobre cómo resolveremos individualmente, o con el resto de nuestros compañeros de equipo, los problemas que acabamos de leer en esta paginas.

Dejar de luchar y emitir juicios sin ningún previo análisis y estudio de la verdad por las redes sociales, demostrando nuestra falta de criterio, ya que seremos ignorados por los que aún tienen algo de sentido común.

Dialogar con nuestra familia como debemos comportarnos con sinceridad, transparencia, ética y moral, para enfrentarnos con el diario vivir, las pandemias y los descalabros económicos producto de lideres ególatras y sin escrúpulos.

Exponernos a ser evaluados y buscar la aprobación primero de la familia, y luego de nuestros amigos, para ganarnos el derecho a implementar nuestras ideas y soluciones, o simplemente regresar al colegio de internet para instruirnos en mejores alternativas, aprender la real verdad y aplicar nuestro gran sentido común.

Trabajar diariamente en el mantenimiento físico de nuestros cuerpos, alimentándonos como corresponde y ejercitándolo para mantenerlo sano. Mente sana en cuerpo sano.

Practicar una consciente utilización tecnológica de las redes sociales, educándonos de los eruditos, ignorando a los mentirosos, y transformándonos en ciudadanos responsables, ayudando a los vulnerables de esta sociedad fragmentada y dividida, defendiendo la libertad que hemos adquirido, desenmascarando a los abusadores de nuestra privacidad, y protegiendo el orden público que nos permite una mejor calidad de vida.

Recordemos que el tiempo es limitado y muy corto.

Algunos no estaremos vivos dentro de los 10 mil días siguientes para confirmar la verdad de lo pronosticado sobre la colonización de Marte, y sí ha sido todo un éxito en materia de igualdad y gobierno honesto en aquel planeta inhóspito.

Para que el camión terrestre continue su camino en los próximos años por la ruta de la prosperidad, con la proporcionada carga social durante el siglo XXI - y antes de embarcarnos en un vehículo espacial para emigrar al planeta marciano con nuestro comportamiento cavernario - es nuestro deber colaborar entre todos los camioneros; y hacer de este planeta uno digno de mejorar la ruta terrestre que estamos viajando, sin distinciones de cultura, preferencias personales, raza o credo.

Así todos los que tenemos el privilegio de ser pasajeros temporales en esta roca espacial llamada tierra, podremos entregar una mejor calidad de vida, a las generaciones venideras, que continuaran disfrutando de este increíble paraíso único existente, al menos en esta galaxia.

Mi carga semi democrática y mediocre

El resto de la carga social de mi camión está en los países pobres y en vías de desarrollo. Allí existe una enorme carga social para todo el planeta, donde la disparidad social es extrema, y muchos de nuestros camioneros se debaten entre dictaduras y semi democracias mantenidas en el poder, por los poseedores de las riquezas de la región y a las empresas multinacionales que explotan sus recursos naturales.

Hagamos un análisis a fondo.

¿Cuál es la razón que la mayoría de los países subdesarrollados continúan siendo cuasi democráticos, mediocres en administración gubernamental, despreciando al rico y al mismo tiempo pretendiendo ser del mismo calibre de los habitantes de los países ricos, más democráticos e industrializados?

Cuando el individuo se enfrenta con la realidad de la ineficiente mediocridad y corrupción de servicios gubernamentales e instituciones fiscales o privadas, a todo nivel en los países tercer mundista, la culpa suele ser algo exterior y no de las personas que las administran.

Tomemos el caso exclusivo del inmenso territorio al sur del Rio Grande, desde México hasta la Patagonia.

Hispano America, como se le denomina a esta amplia región del planeta, en el año 2017 tenía una población estimada que sobrepasaba los 600 millones de habitantes.

Esta es una población casi dos veces las de Estados Unidos. Los recursos naturales de esta región son abundantes para el diario vivir, no solo de sus habitantes, sino de todo el planeta.

Sabemos de las diferencias en economía y calidad de vida que existen entre los Estados Unidos e Hispanoamérica, región considerada en materia económica como subdesarrollada.

Las diferencias en la calidad de vida entre ambas regiones esta por sobre lo económico. Para realizar cualquier trámite en los países hispanos, sean estos bancario, pagar cuentas de servicios públicos, obtener un carnet de identidad o un pasaporte, hay que ir a la oficina gubernamental correspondiente, con la disposición de ponerse en una línea, esperar el turno de ser atendido y luego enfrentarse a un funcionario con el cual lograr llegar a un acuerdo de cómo realizar la gestión. Esto se traduce en una enorme pérdida de productividad, tiempo (entre un día a un par de semanas de ir y volver al mismo lugar), y energía personal, para lograr ser exitoso en completar la gestión inicialmente planeada.

El cuestionamiento de estas ineficiencias de los sistemas se debe a la forma de operar, la cual es arcaica, mediocre e ineficiente.

Pero en general, cuando se intenta encontrar una respuesta a este dilema, los culpables de estas ineficiencias suelen ser los conquistadores bandoleros españoles o portugueses que colonizaron y trajeron esta forma de operar, distinta de los colonizadores británicos que invadieron América del Norte.

A continuación se culpa a la flojera, ignorancia y carencia de motivación de los nativos y mestizos aun existentes, que los españoles y portugueses intentaron cristianizar y explotarlos.

Luego se culpa a la falta de ADN anglosajón.

Hay un grupo más a los que se culpa: los gringos imperialistas norteamericanos que se roban los minerales, el petróleo, la cocaina, el café de Juan Valdés y los abundantes frutos y vegetales explotando y esclavizando a los locales.

Todas estas generalizaciones son otra mediocre explicación del por qué de la ineficiencia de los sistemas y sus funcionarios, quienes trabajan extensivas horas por miserables salarios establecidos por los poderes abusivos de los oligarcas criollos.

Sin embargo, aquellos inmigrantes que huyeron de guerras europeas en los dos pasados siglos y llegaron a Latinoamérica pobres, han amasado fortunas, establecido familias, pero nunca se han mezclado con los nativos y ahora son considerados enemigos del estado.

Los empresarios desean mantener el status quo de las masas populares mediante pago de salarios marginales, con los cuales solo logran contratar personal sin preparación y con una ignorancia sostenida y abundante.

Por otro lado las masas populares, son las responsables de la elección de la mayoría de los políticos donde aún existe un sistema democrático, sean de derecha, centro o izquierda, que en su mayoría constituyen un grupo de individuos ansiosos de obtener los beneficios de posiciones gubernamentales para su propio beneficio, y son mediocres en sus funciones principalmente, por su propia ignorancia y falta de preparación.

En un extremo están los derechistas copiando las economías capitalistas de los países industrializados en su mayoría inaplicables a países con mayoritaria pobreza, población indígena y sin infraestructura propia ni base industrial, dependiendo ampliamente de la tecnología de países industrializados.

En el extremo opuesto están los izquierdistas, que se quedaron pegados copiando las doctrinas de Marx, Trotsky, Lenin y Stalin, todas las cuales han sido un fracaso económico para los pueblos cubano, nicaragüense, boliviano y venezolano. También lo fueron para los chilenos en la desventurada experiencia de la Unidad Popular en el 1970 y después del estallido social del 2019.

Los limitados industriales nacionales actuales de la región, se les considera a todos abusadores de la clase obrera al estilo de los colonizadores españoles y portugueses, quienes solo vinieron en búsqueda de oro fácil robándoselo a los nativos y regresándose a la madre patria para vivir en comodidad.

Los buenos profesionales de estos países se les considera explotadores de una educación para privilegiados y traicioneros vendidos al oro gringo. Por ello este grupo solo añoran exilarse a los países industrializados.

El resto de la población solo se alimenta con el asado del compadre latifundista, quien desea mostrar poder económico y se en deuda en su tarjeta de crédito para impresionar a sus amigos, con el circo del futbol profesional en pantalla gigante y entretenimiento extranjero, con sus imitadores a nivel nacional.

Es a través de esta mediocre imitación criolla de los sistemas de vida en países del primer mundo, que las masas populares logran su vindicación emocional y cultural, apoderándose de las creaciones extranjeras, para rápidamente convertirlas en sus propias leyendas urbanas.

Y es así como llegan en forma instantánea a la conclusión que el derecho a la paz en lugar de la violencia, fue una iluminación del cantante folclórico chileno Víctor Jara, y que nadie anterior a él jamás pensó en dicho concepto.

Continuando con este pensamiento se establece que los derechos humanos fueron creados por los desaparecidos y exiliados sobrevivientes a las dictaduras argentinas, bolivianas, peruanas, paraguayas, chilenas y en general de todos los países centro y sudamericanos, en lugar de una Declaración realizada por las Naciones Unidas en un acuerdo de Paris en 1948.

Luego se establece que el auge económico de Chile, después del fracasado gobierno de la Unidad Popular de Salvador Allende en el siglo XX, fue una total creación de conceptos económicos locales logrado por una dictadura militar al mando de Augusto Pinochet.

Ahora se sabe que el milagro económico de ese país fue la implementación de una teoría económica de Friedman, proveniente de la Universidad de Chicago que, al aplicarse en

Chile con el apoyo de la oligarquía nacional, y la imposición dictatorial de los militares, logro una parcial y limitada mejora de la clase baja disminuyendo la pobreza a un 7 por ciento en un plazo de 40 años. Fue bautizada como el auge de los Chicago Boys y destruida en un estallido social en octubre del 2019.

Pero en general, lo preferido es continuar ensalzando la pobreza, ya que de acuerdo con la doctrina espiritual católica mayoritaria en la región, y patrocinada por el Papa Francisco, representante supremo de dicha religión, el millonario avaro llegará a las puertas del infierno, mientras que el pobre será habitante en el reino de los cielos.

Por consiguiente, el auge económico individual no es bueno.

De ahí que la mediocridad y el culto a la pobreza sean la mejor excusa para perpetuar la realidad, que los oligarcas mantengan sus capitales ocultos en bancos Suizos, para salvaguardarse del siguiente estallido social, o la mejor herramienta de los políticos de izquierda para llegar al poder, con alardes revolucionarios, prometiendo igualar el terreno económico, utilizando el conocido chaqueteo de tirar abajo, y hundir en la miseria al que tiene dinero o llega a conseguir un auge económico por las vías legales.

Las masas populares elevaron a su calidad de Idolo como cantante a Julio Iglesias, cuando era un pobre desconocido en el Festival de la Canción de Viña del Mar en Chile. Pero en el momento en que se hizo millonario con sus discos, cambio su residencia a Miami y comenzó a ser miembro de la realeza del cancionero mundial popular, dejo de ser admirado por esos mismos seguidores que lo adularon en sus principios pobres.

Todo político de la región que se sube al carro de la pobreza, mientras usufructúa de una bien remunerada dieta parlamentaria del respectivo país, se convierte en un líder con una multitud de seguidores que, chaquetean y desprecian al adinerado, pero están dispuestos a cualquiera corrupción por llegar a ese mismo nivel económico.

Es fácil endemoniar a un rico que lucra, y endiosar a todos los pobres que mendigan. La clase baja representa la mayoría de votos cuando hay democracia y si no servirán de carne de cañón para iniciar una revolución del proletariado en el próximo estallido social.

Es beneficioso promover odio entre los pobres, por aquel rico que solo se dedica a lucrar amasando fortuna, explotando al pobre, a los mercados bursátiles y al consumidor.

Al llegar a la tercera edad es preferible entonces ser pobre y vivir en miseria a expensas de un gobierno sin dinero, o con la ayuda de algún familiar que difícilmente puede sustentarse así mismo, a ser rico y poder disfrutar del arduo trabajo efectuado para obtener las comodidades del caso hasta el día de su muerte.

Para que todos sufran igualitariamente de la pobreza hay que hacer un plebiscito y cambiar la constitución o el gobierno.

Porque si todos los centro y sudamericanos son pobres entonces todos serán igualmente dependientes de un gobierno de mediocridad como lo ha sido Cuba, Venezuela, Nicaragua, Brasil, Colombia, Honduras, El Salvador, México, Ecuador, Argentina, Uruguay, Paraguay, Bolivia, Perú y Chile.

Nadie podrá salir nunca de la mediocridad, mientras se adule a la pobreza y se condene a la riqueza.

¿Pero será entonces que en los países subdesarrollados hay que proteger a los ricos a través de dictaduras militares, protegiendo a los oligárquicas con un total desprecio a los pobres y sus derechos humanos?

Todos estos países tratan de establecer gobiernos que aparentan ser un sistema democrático mayoritariamente representativo de los desposeídos, con una falsa promesa de elevarlos en su condición económica con cambios constitucionales o a un nivel de competencia igualitaria con los países ricos.

Deng Xiaoping, arquitecto del milagro económico chino, líder comunista y seguidor del modelo ruso, lo dijo bien claro que no hay que tenerle miedo a la riqueza sino más bien buscar el camino para lograrla.

Existe la idea que para salir de esta mediocridad en los países pobres hay que tener un gobierno centralizado poderoso para mejorar la educación, por cuanto es el conocimiento lo que se necesita para hacer a esta sociedad primer mundista.

Si hay algo que todo habitante de un país tercer mundista debe aprender, es como promover su propia riqueza en su ámbito regional mediante una apertura y apoyo al escalamiento económico individual.

Los gobiernos deben promover a los que luchan por crear empresas y por conseguir su propia mejor calidad de vida, en lugar de continuar explotando la pobreza como una forma de llegar al poder.

Esta solidaria herramienta utilizada con un total cinismo por los políticos de derecha con falsas promesas de una mejora económica inmediata, y de los izquierdistas, que cuando llegan al poder practican el capitalismo disfrazado de comunismo con sus círculos de apoyo político, esta llegando al limite de su utilidad.

Es el esfuerzo individual el que hará triunfar a cualquier individuo sobre su condición social y económica de nacimiento, con los apoyos éticos y morales de aquellos que lo trajeron a este mundo, y las ayudas gubernamentales de políticos de igual calibre, que les permitan triunfar por su propia iniciativa, a través de su educación.

La mediocridad tercer mundista en general, está en continuar pensando que dictaduras fascistas o izquierdistas, cambios constitucionales, plebiscitos, tomas de terrenos, vandalismo disfrazado de una reivindicación de los nativos, demostraciones públicas de encapuchados destruyendo y robando, son la lucha por la vindicación del pueblo y la iniciación de verdaderos cambios sociales, que igualaran a los pobres con los ricos.

La cultura del pillo, es decir de aquel que dedica su vida a estafar, cometer delitos sin ser sorprendido, robar o pasarse a llevar a los vulnerables, es otra idiosincrasia de la mentalidad mediocre, que ensalza y se le rinde admiración en Latinoamérica. Adular al Che Guevara, personaje argentino constituido en otra invención de una leyenda urbana, no deja ser más que otra falsedad de un oportunista que asesino a sus competidores por medio de las armas, y finalmente fue entregado a la Central de Inteligencia Americana en Bolivia para su ejecución, por los mismo campesinos que el Che había jurado sacar de la pobreza.

No existe en la historia de la humanidad una dictadura fascista o una revolución proletaria violenta, que haya elevado a los pobres en forma instantánea en su nivel económico y los haya igualado a los ricos del momento.

Tal como lo dijo Isaac Asimov en su novela de ciencia ficción Fundación, "la violencia es el último recurso de los ineptos".

El poder económico no se logra a través de terrorismo, vandalismo o violencia callejera, que solo perpetúa la pobreza, y es combatido con una igual o mayor violencia y mortalidad, cuando las masas populares ignorantes continúan en sus comportamientos de desórdenes y caos, para intentar obtener avances económicos y sociales.

El desorden cívico es tan enemigo de los ricos como de los pobres, y es solo campo fértil para los delincuentes, narcos traficantes, políticos oportunistas y fascistas, todos quienes adquieren poder a través de la intimidación, campañas del terror y miedo a toda la población.

Pensar que ponerse una bandana, taparse el rostro con un pañuelo sucio, hacerse tatuajes con calaveras, cubrirse el torso con una camiseta del Che Guevara hecha en la China, va a solucionar la pobreza, igualar el terreno económico, controlar las pandemias y mejorar el sistema climático que estamos destruyendo, es caer de frente en el lodo de la mediocridad y la ignorancia, que mantienen el presente estatus quo de una pobreza no solo económica, sino mental, en los países tercer mundista.

El tercer mundo solo lograra salir de esta mediocridad y elevarse al nivel de sociedad de países del primer mundo, a través de la promoción de un individualismo con ética y moral transparentes, que sea paralelamente cimentado con una educación igualitaria para el enriquecimiento y mejoramiento en la calidad de vida de cada persona sin distinción de sexo, raza o escalafón social, dentro de un sistema de orden civil igualitario.

Las desigualdades de una sociedad dividida se deben a la configuración de las clases, que se han construido impulsadas primordialmente por nuestra composición genética, cultural y del medio ambiente.

Los expertos en sociología nos indican que la verdadera dinámica de la lucha por riqueza y poder está basada en la división de clases, que en el especifico caso de países subdesarrollados es marcada y predominante por: 1) razones económicas (ricos y pobres) 2) razones políticas (izquierda versus derecha) 3) raza a la que pertenecemos (blanco, mestizo, nativo o negro) 4) cultura en la que crecimos (occidental, oriental, islamita o africana) 5) sexo o genero de nacimiento (masculino, femenino o LGBT) 6) religión practicada (católico, cristiano, judío, ortodoxo, islamico, ateo, agnóstico) 7) la residencia donde crecimos (urbano, suburbano, rural, población marginal, campamento de refugiado o sin residencia), 8) La educación alcanzada (primaria, secundaria, universitaria o post grado), y 9) el estilo de vida que hemos llevado (burgués, liberal, conservador o radical).

Pensar que esta multi faceta dinámica es cambiable, flexible y adaptable por cambios radicales en una sociedad fragmentada por esta variedad de razones básicas de la desigualdad, es tener la misma convicción y fe en el relato de la generosidad del Viejo de Pascua.

Este noble caballero, quién habita en el polo Norte (no en el polo Sur), es el único que mantiene una fábrica permanente de regalos gratuitos, que nos llegan un día cada doce meses para hacernos a todos felices, y sacarnos temporalmente de nuestra pobreza y mediocridad.

Los principios que gobiernan la riqueza y el poder son complejos, y se han venido forjando en los distintos rincones del planeta, a través de miles de generaciones.

Pretender simplificarlos e intentar igualarlos con cambios constitucionales a una carta magna, por violencia callejera, un sistema judicial mediocre y por la destrucción de instituciones dedicadas a mantener el orden publico, es la ruta directa al fomento de dictaduras que traerán mayor pobreza, y una erosión del poder económico, que debe fortalecerse para subirse al carro de los países industrializados, quienes en la actualidad son los dueños de la riqueza y el poder del planeta.

Debido a todas estas condiciones este enorme cargamento social que vive en la pobreza, suele intentar su escape con migraciones clandestinas desde sus gobiernos mediocres, hacia los deseados paraísos de países desarrollados, lo cual acarrea elementos de desplazamiento familiar, cultural, explotación por los dueños de las rutas de entrada clandestina, con el riesgo de perder sus pocas pertenencias o incluso la vida.

La tecnología: lo bueno, lo malo y lo feo

El acoplado que le he agregado a mi camión a partir del siglo XXI, tiene dos ruedas para suplementar mi carga social. Estas son la Tecnología y el Medio Ambiente.

Ambas ruedas son necesarias y tienen una significante importancia, en cómo logro continuar por mi ruta hasta mi destino final, acarreando este moderno acoplado.

Analicemos primero la constitución y componentes de la rueda de la tecnología.

Comencemos por la definición de lo que es esto, que todo el mundo ahora se refiere como a la tecnología, y su inmenso impacto en los humanos, desde la invención de la rueda.

Wikipedia tiene una definición bien clara de esta palabra, que se remonta a la época de los griegos, quienes parecen haber sido la cuna del conocimiento tecnológico de la actualidad.

El termino tecnología proviene del griego τέχνη [téchnē], 'arte', 'oficio' y -λογία [-logía], 'tratado', 'estudio') y es considerado en la actualidad como la aplicación de la ciencia a la resolución de problemas concretos.

Constituye un conjunto de conocimientos matemáticamente ordenados, que permiten diseñar y crear bienes o servicios, que facilitan la adaptación del individuo con el medio ambiente, así como la satisfacción de las necesidades esenciales personales de conocimiento, y las aspiraciones del resto de la humanidad.

Aunque hay diversificación de ramas tecnológicas muy diferentes entre sí, es frecuente usar el término tecnología en singular, para referirse al conjunto de todas, o también a una de ellas en particular.

La palabra tecnología también se puede referir a la disciplina teórica que estudia los saberes comunes a toda la tecnología, y en algunos contextos, la educación tecnológica es la disciplina escolar dedicada a comprender el funcionamiento de las tecnologías más importantes.

Pero cuando en reuniones sociales hablamos de la tecnología, solemos relacionarlas con elementos de teléfonos celulares o aparatos electrónicos, los cuales han venido a invadir el espacio humano, para automatizar ciertas operaciones rutinarias o repetitivas en una forma mas precisa y eficaz, que las realizadas por cualquier persona, o a todo ello relacionado con el advenimiento del Internet y el entretenimiento electrónico.

A partir de este concepto comenzamos a emitir opiniones sobre como la tecnología gradualmente están controlando nuestro diario vivir, nuestras labores, entretención, y manera de pensar, y como probablemente dentro del siglo XXI, llegaran a dominar el comportamiento de los humanos y convertirlos a todos en sus esclavos.

Esta versión cinematográfica, al estilo Terminador (película de ciencia ficción donde las maquinas extra terrestres vienen a esclavizar a los humanos), de lo que nos depara el futuro tecnológico en el cual estamos sumergidos, dista mucho de la realidad de lo que la tecnología actual ejecuta a nuestro favor.

La tecnología es el motor impulsor en el mejoramiento de nuestra calidad de vida en el planeta, y probablemente salvador de una Apocalipsis prematura, que al parecer nos espera en un cercano futuro, en el espacio galáctico en el cual habitamos.

Nuestros antecesores pensaron similarmente durante el desarrollo de la revolución industrial dos siglos atrás, cuando maquinas desplazaron a los humanos de los campos agrícolas que nos alimentaban. Ahora tenemos la misma visión errada de como la nueva tecnología puede esclavizarnos.

Lo real es que, sin la tecnología actual, la pandemia del mortal virus denominado Covid-19, que nos atacó a partir del

2019, probablemente hubiera aniquilado a un gran porcentaje de la población, sin un conocimiento verdadero, sobre cual había sido el motivo de la rápida mortalidad de millones de personas en todo el planeta.

Fueron cinco estudiantes de la Universidad de Harvard en Estados Unidos, quienes en febrero del 2004 crearon una herramienta tecnológica denominada Facebook, para conectar socialmente a los alumnos de dicha universidad en sus charlas e intercambios de notas, que expandida al resto del planeta, nos permitió informarnos en cómo enfrentar esta pandemia.

La tecnología del 2019, a través de la red computacional mundial, fue beneficiosa en la rápida creación de vacunas, para inmunizar a todo el planeta a partir del 2021, facilitando el trabajo científico comunitario, y rompiendo todas las barreras nacionalistas de censura.

No solo fue un medio de comunicación eficiente, sino también un sistema para continuar manteniendo las redes de abastecimiento para todo un planeta que, al enfrentarse con aislamientos y distanciamiento para evitar una propagación intensa del contagio, tuvieron que reinventarse en lo relativo a los tradicionales sistemas de distribución en bienes de consumo que existían hasta ese momento.

Sin dichas redes de comunicación, todo el intercambio comercial mundial se hubiera detenido al ser atacado por el Covid-19, llevando al planeta a un estado anárquico y de devastación, no solo por la mortalidad viral, sino por la carencia de los elementos vitales de supervivencia entre los proveedores y sus usuarios.

Las redes de comunicación establecidas por los sistemas de Internet son herramientas tecnológicas constantemente evolutiva, que permiten intercambio de ideas con diferentes puntos de vista, estableciendo un campo virtual donde se pueden obtener soluciones a problemas complejos, mediante la creación de comunidades y agrupaciones de profesionales de un mismo campo.

La idea cinematográfica que las tecnologías, responsable de la creación de la Inteligencia Artificial en las maquinas, terminara por desplazar a los humanos en lo relativo al poder en la administración de una sociedad dividida, es para este siglo XXI algo totalmente ficticio.

El desarrollo de la tecnología computacional aun está en su era primitiva de gestación, totalmente encapsulada por: 1) Un sistema de codificación binaria, que es el creador de extensos algoritmos destinados a replicar algunas de las cualidades humanas, y 2) Los componentes internos de máquinas computacional, como son los circuitos conductores de información y los microchips que manejan la codificación.

Si bien es cierto que esta tecnología nos ha permitido lograr explorar el espacio y comprobar lo insignificantes que somos como humanos y como planeta dentro del universo, aun está en forma comparativa, a la altura de las carabelas de Cristóbal Colon, que por primera vez cruzaron hace un par de siglos atrás, por el medio del océano atlántico, impulsadas tan solo por el viento, para poner pie en un nuevo mundo.

Aun está muy distante en el horizonte, el día que la tecnología nos va a permitir auto transportarnos por el espacio y viajar en velocidad mega luz a otras galaxias, fuera de la modesta vía láctea en la cual estamos encapsulados.

Por ello esta idea propiciada por alguno de nuestros lideres industriales, en colonizar dentro de este siglo el planeta Marte, rayan en el borde de lo absurdo, aun cuando a futuro, nos podrán demostrar que nuestro pensamiento, un tanto limitado, es similar al que tenían los científicos de la época de Colon, quienes pensaban que el planeta era un disco plano que, al final del horizonte se terminaba y caía en un precipicio hacia la nada.

Es indiscutible que con la presente tecnología, ahora existen sitios de internet que son capaces de almacenar data binaria, la cual utilizamos durante nuestra navegación por las redes de internet, y con manipulación computacional, conocer exactamente nuestros deseos y ambiciones futuras.

Pero, por otro lado, también hemos creado medios preventivos, que ahora se conocen como Identificadores Inteligentes de Espías Cibernéticos, capaces de identificar a todas aquellas redes recolectoras de datos, y detener su intromisión dentro de nuestra preciada privacidad.

En las reuniones sociales escuchamos todo tipo de versiones, en como nuestras cuentas bancarias han sido robadas por estos criminales cibernéticos sin escrúpulos, quienes trabajan arduamente en la creación de algoritmos sofisticados para espiarnos, incluso a través de nuestros teléfonos celulares, en cualquier lugar que nos encontremos.

A manera de clarificación, este tipo de codificación requiere extensos algoritmos, y cada algoritmo es un conjunto de pasos matemáticos, destinados a resolver la forma mas rápida de completar alguna tarea.

Los algoritmos generalmente están escritos con lo que se denomina un seudo código, o una combinación del lenguaje, que el codificador está utilizando en combinación con uno o varios lenguajes computacionales. Esta tarea se realiza antes de escribir el programa total, que resolverá las tareas necesarias para realizar un trabajo.

Hay que tener presente que este lenguaje debe convertirse al lenguaje de máquina, que hasta el momento es binaria (ceros y unos), para que esta pueda hacer los cálculos correspondientes y procesar la información que emitirá el resultado. Es decir, que toda la información entrada debe ser procesada por las maquinas, una vez que los humanos le proporcionan los pasos a seguir.

Toda este proceso es manejado por individuos, quienes deben crear las funciones que los computadores deben realizar, para lograr el resultado esperado.

Estas instrucciones son incapaces hasta el momento para formular decisiones instantáneas, basadas en emociones o intuiciones, sentimientos que las máquinas aun no pueden procesar.

Por ello es difícil concebir, que el pronóstico cinematográfico de las películas de ciencia ficción, vayan a convertirse en realidad en un futuro muy inmediato durante el siglo XXI.

El embudo computacional no solo está en la codificación. También está en la producción de los microchips necesarios para que la codificación funcione.

En el 2021 solo había tres empresas en el mundo responsables del abastecimiento de microchips al mundo de la computación. Esto ha venido a crear un inmenso problema en el abastecimiento para la gran demanda, que existe ahora a todo nivel consumidor, no solo en las maquinas computadoras, sino también en los automóviles y toda la gran variedad de equipos eléctricos y electrodomésticos para el hogar.

Apple, Amazon y Google son solo algunos de los consumidores de estos microchips. También está la industria automovilística como Tesla, Toyota, General Motors, Ford, Honda, y en los electrodomésticos Samsung, LG, Electrohome, Panasonic, para solo mencionar algunos, todos los cuales están consumiendo en forma masiva, estos elementos indispensables para el abastecimiento de sus artículos suntuarios a todo el planeta.

El gobierno de Estados Unidos en el 2021, lanzo un programa de estudios para analizar este embudo de producción, no solo por la limitación de las tres empresas que los fabrican, sino también para el peligro que corre su defensa militar, ya que el Pentágono, a cargo de dicha defensa, debe aceptar que los microchips de sus aviones de combates y drones estén siendo fabricados en Taiwán.

Toda la tecnología, en su aspecto contraproducente, está cambiando en forma abrupta el comportamiento, no solo de los que abastecen la infraestructura, o como utilizamos los drones militares, sino también la forma de cómo nos relacionamos entre los humanos.

El caso de los teléfonos celulares, y su diaria intromisión en el importante círculo familiar, es algo que debemos estar conscientes y no permitir que se interpongan dentro de las relaciones individuales, que son las bases mismas del comportamiento de la sociedad en la que cohabitamos.

Estamos sujetos a las manipulaciones cibernéticas, por estar tan envueltos en las redes sociales existentes, donde estamos completamente abiertos a entregar nuestros pensamientos, sentimientos y emociones, a través de bases de datos que son captadas por una multitud de computadores, donde otros humanos pueden ser inescrupulosos y utilizar algoritmos computacionales para penetrar en nuestro subconsciente.

Pasaremos al capítulo siguiente donde entregaremos mayores detalles sobre el uso ilegitimo que convierte a la tecnología en algo criminal que debe ser fiscalizado judicialmente, al igual que en otros comportamientos de las relaciones humanas.

Si bien es cierto que este control atenta contra las libertades individuales en el uso de redes sociales que debiéramos proteger, tampoco debemos permitir el invisible acceso a nuestra privacidad, y es necesario legislar sobre esta manipulación de nuestra conciencia, debiendo manejarlas como hechos delictuosos, que infringen en los derechos civiles de cada individuo.

La rueda tecnológica de mi camión es vital para el progreso individual para avanzar por nuestra ruta diaria en forma eficiente. No debemos olvidar que esta rueda puede perder rápidamente su presión, cuando es vulnerada por aquellos delincuentes cibernéticos, quienes utilizan la tecnología con un propósito exclusivamente criminal.

Los dueños de nuestra conciencia

Mientras conduzco mi camión por los sinuosos senderos y rutas, que a veces me llevan a destinos inesperados, los dueños y fabricantes de mi rueda tecnológica están infiltrando nuestra conciencia, y trabajando incluso cuando dormimos o estamos de vacaciones, para robarnos.

Al despertarnos y antes de ir al baño o tomar desayuno, se ha convertido en una rutina que lo primero que hacemos antes de siquiera estar totalmente conscientes, es estirar la mano para alcanzar el teléfono celular.

Desde que comenzamos a circular en nuestras cotidianas labores, incluso hasta cuándo vamos al baño, estamos ligados a este pequeño aparato, que nos permite recibir y enviar señales a todo el planeta de nuestra posición, preferencias, deseos, acuerdos, amores y odios.

El siglo XXI ha conectado a toda la humanidad en forma inalámbrica, para que en cualquier punto donde nos ubiquemos, tengamos la posibilidad de enviar mensajes orales, escritos, fotográficos, videos o una combinación de todos ellos, a todos nuestros contactos.

Esto significa que en materia de segundos, en cualquier parte del planeta, alguien tiene acceso a la información que estoy creando, conocer la forma como pienso, como me visto, que es lo que me alimenta, con quien estoy de acuerdo o desacuerdo, cuales son mis planes inmediatos, que me gustaría hacer hoy y mañana, cual política apoyo, con quien me estoy relacionando, donde vivo, o si me estoy moviendo de un lugar a otro.

En el 2020 el número de usuarios, de los solamente denominado teléfonos inteligentes, sobrepasaba los 3000 millones de individuos en 159 países en Europa, América del Norte y Sur, Asia, África y Oceanía.

Con la instalación orbital de satélites alrededor de todo el planeta localizados en distintas órbitas y elevaciones, la cobertura mundial de telefonía celular es global, al igual que el sistema de vigilancia que puede ser ejercitado por los países industrializados.

En estos momentos hemos sobrepasado los pronósticos de vigilancia, que escritores del siglo pasado visualizaron, sin ellos saber de la existencia de telefonía inalámbrica o satélites de espionaje circulando sobre nuestras cabezas.

Desde el Valle de Silica, en California, Estados Unidos, existe en el 2021 una cantidad de compañías, que son las dueñas de las aplicaciones, que están dentro de los 3000 millones de teléfonos celulares, y que les permiten acceso a esta red inalámbrica mundial de datos gratuitos.

Un grupo pequeño de ejecutivos de estas compañías tienen el poder de dictaminar lo que cada individuo puede ver o decir en la red.

Nadie esta eximido, incluyendo el presidente de Estados Unidos, de este control.

En el 2020 a Donald Trump, el entonces presidente, se le suspendieron sus cuentas de Twitter y Facebook, por considerarse que estaba utilizando estos medios de comunicación, para provocar insurgencia y divisionismo dentro de la sociedad norteamericana.

A partir del 2019 las compañías dueñas de las redes sociales que son utilizadas por los usuarios, establecieron un verdadero ejercito humano y de algoritmos diseñados para vigilar el flujo de información 24 horas al día.

Todos aquellos que cometen crímenes de pensamientos dispersados por las redes sociales que son considerados inapropiados, se les condena y sus cuentas son cerradas, declarándoselas personas no existentes en la red.

Esto es muy similar a las leyes de mordaza, que existían en el ciclo pasado dentro de los medios de comunicación oficial de la época, como lo eran las cadenas de televisión y periódicos del mundo, que en ese entonces eran los dueños de los datos que eran manipulados no por algoritmos, sino por los dueños de la industria comunicativa.

En el siglo XXI este poder ha sido delegado a los dueños de las bases de datos donde se acumula la información que, a diario, en forma voluntaria y sin ningún filtro, entregamos mas de 3000 millones de usuarios, entre teléfonos celulares, tabletas de computación o computadores personales.

La amplia red informativa gratuita es manipulada por algoritmos, y el ejercito humano del Valle de Silica, para transformarla en datos útiles, que serán vendidos y utilizados por los políticos, mercaderes, agentes de seguridad y gobiernos del mundo.

Cuando nuestra conciencia se abre al mundo del Internet, voluntariamente estamos entregando nuestra sagrada privacidad y protección mental, en cómo vamos a comportarnos diariamente en los distintos escenarios en el cual estamos envueltos, para ser psicológicamente manipulados en nuestras actuaciones, a través de las máquinas de datos.

Esta es la nueva versión de la propaganda subliminal del siglo XXI que se utilizaba en el siglo pasado.

Para el lector que no esté informado sobre este tipo de manipulación colectiva, esta propaganda era insertada en medio de películas, o través de la radiotelefonía, sin ser percibidos por la mente consciente, pero totalmente escuchados por nuestro subconsciente, en la mayor profundidad de nuestra mente.

La manipulación de nuestra conciencia surgió en el verano de 1957 cuando en Hollywood, durante la exhibición de la película Picnic, un astuto publicista introdujo en el film de la película cada 5 segundos, un mensaje para que los espectadores consumieran la bebida Coca Cola y comieran Popcorn, con un

3000 vigésimo de velocidad, algo no captado conscientemente por nuestro sistema óptico.

Según el publicista el consumo de Coca Cola en los cines aumento en un 18.1 por ciento y el de popcorn fue de un 57.8 por ciento. Posteriormente, al ser enfrentado por una compañía de psicología, experta en la materia de manejo del subconsciente para replicar este tipo de experimento, el publicista reconoció que los resultados del impacto de dicha manipulación subliminal habían sido tergiversados.

Otros psicólogos han manifestado que mensajes subliminales realmente puede tener un impacto en el comportamiento humano.

Por ello este tipo de manipulación continua siendo perfeccionado.

Un ejemplo claro en la actualidad en el uso de esta técnica en el manejo de nuestra conciencia, son el tipo de terapia que es utilizado por expertos en hipnotismo, para implantar mensajes durante una sesión hipnótica en el subconsciente del paciente. Se han hecho campañas para considerar este tipo de terapia de la conciencia como ilegal.

No obstante, durante la campaña presidencial del 2000 en Estados Unidos, los republicanos utilizaron este sistema para implantar en medio de avisos televisivos promocionales para su candidato George H Bush, la palabra RATS (rata) refiriéndose a su adversario Al Gore. Bush ganó las elecciones, aunque no se le puede atribuir su victoria a esta campaña de publicidad.

Lo comprobado es que las influencias subliminales dentro del subconsciente, son efectivas cuando están íntimamente relacionadas con existentes deseos que tenga el individuo.

Por ello, la manipulación de datos entregados voluntariamente sobre dichos deseos, es de un valor incuestionable para los publicistas en la utilización de propaganda dirigida, dentro de videos y celulares implantados en el subconsciente, a través de la máquina de cada usuario.

El nuevo camino en la manipulación del comportamiento masivo ha sido el desarrollo a través de las redes sociales y los medios de comunicación de lo que se ha denominado como noticias falsas.

Esto consiste en repartir información totalmente falsa destinada a perjudicar e impactar la imagen de cualquiera persona, comunidad o país, mediante la creación de noticias que no cuentan con ningún respaldo, y que pueden llevar a un grupo de personas a ser movilizadas, promoviéndoles el odio mediante confabulaciones totalmente fabricadas.

En Estados Unidos esta práctica comenzó a principios de siglo en los medios políticos, para lograr avances en las elecciones democráticas, creando falsas imágenes de los opositores durante los periodos electorales.

La culminación en el uso de esta técnica fue durante la presidencia de Donald Trump, quien fue el primer presidente en utilizar las redes sociales y contaminarlas con información sin respaldo, en los logros de su mandato.

Los medios tradicionales de comunicación tuvieron que comenzar a utilizar periodistas investigadores en la confirmación de dichas noticias, las cuales comenzaron a convertirse en impactos virales entre los millones de usuarios de las redes sociales, y desmentir afirmaciones que estaban siendo presentadas como hechos verídicos.

La cumbre de esta propaganda planificada sin datos verídicos, fue utilizada por Donald Trump, cuando al perder su reelección como presidente para el siguiente periodo en el 2020, declaró que las elecciones habían sido un fraude electoral.

Luego basándose en esa noticia falsa, con la intención de producir un probable golpe de estado, movilizo a un grupo de fanáticos simpatizantes, quienes decidieron invadir el Capitolio durante la confirmación de la derrota de Trump y la elección de Joe Biden como nuevo presidente.

Aún existe un numero bien significativo de seguidores de Trump, que mantienen su versión del fraude electoral como algo totalmente verídico, a pesar de haberse comprobado en tribunales de justicia de los diferentes estados de la nación, que no hubo tal fraude, más aun con el recuento de votos en forma manual, que confirmaron la victoria de Biden.

En el 2021 los gobernantes de distintos estados decidieron modificar ciertas normas sobre el proceso electoral, con el objetivo de eliminar ciudadanos en su derecho a voto de acuerdo con leyes federales, y borrarlos de los registros electorales.

En el periodismo clásico siempre se ha mantenido, que una mentira impresa por primera vez debe ser rectificada con una revisión y desmentida en igual forma. Cuando la mentira se repite por segunda vez, esta puede ser una confabulación que necesita ser investigada. Si la misma mentira se repite por tercera, cuarta o quinta vez, esto cuenta con vislumbres de verdad. De ahí en adelante la mentira debe ser estudiada como una posible verdad.

En el caso de Donald Trump, durante su presidencia, el periódico New York Times publico desmentidos a las falsas informaciones de Donald Trump. En un artículo publicado el 14 de diciembre del 2017 hicieron un recuento diario de dichas aclaraciones indicando que el pueblo americano se había acostumbrado a las mentiras y que existía un gran peligro en ser aturdidos por tanta falsedad expresada por el entonces presidente.

En enero 6 del 2021 este pronóstico se cumplió transformando a Estados Unidos en un país cuasi tercer mundista, con un mal elaborado semi golpe de estado, sin soporte militar a la Casa de Representantes.

Trump intento callar a sus adversarios políticos mediante la utilización de discursos que apelaban a las emociones bajas, similares a las que habían utilizado los Nazis con el pueblo alemán, quienes terminaron por entregar el poder a Adolfo Hitler en el siglo pasado.

Durante sus debates presidenciales en televisión mundial intento evadir sus responsabilidades en materias económicas y de salud, ante la mala administración de la pandemia del 2019, e intento liquidar moralmente mediante interrupciones constantes a su opositor y de esta forma evadir responder preguntas sobre la inhabilidad de su administración.

Una vez que esta estrategia fallo, se dedicó a ofender al partido opositor, mediante el uso de la aplicación Twitter en el internet, utilizando las redes sociales con ataques a la legitimidad de la votación democrática, y una vez derrotado en los tribunales de justicia, apelando solamente a las emociones, para convencer categóricamente a sus simpatizantes que su versión del fraude electoral era verídico.

Sin duda, que este comportamiento insólito de un presidente del país más poderoso del mundo, distribuido gratuitamente a millones de individuos por la tecnología a través de las redes sociales, y por los medios de comunicación a través de televisión mundial, es la mejor propaganda donde la verdad puede ser fácilmente tergiversada, y nuestras emociones subliminalmente manipuladas, para convencernos a quien le entregaremos el poder.

Los hechos políticos acontecidos durante fines del 2020 en Estados Unidos, tendrán mayores repercusiones en la segunda mitad del siglo XXI, donde las instituciones que protegen un sistema democrático con una economía capitalista liberal, tendrán la ardua tarea de responder a las demandas sociales, demostrando su honradez, importancia y respeto en la veracidad de la evidencia basada en leyes lógicas, que protejan a todos por igual.

Esto es sin lugar a duda, el único método de resolución pacífica a los conflictos de diferencias sociales y clases existentes en todo el planeta, en la cual la tecnología cumple un papel central, que los lideres mundiales continuaran enfrentando, utilizando, y en algunos casos tergiversando.

Existe aún otro aspecto diabólico en la utilización de la tecnología que está siendo empleada por los países fabricantes de armamento. Esto está relacionado en el uso computacional con fines militares.

El 23 de enero del 2009, tres días después de asumir la Presidencia de Estados Unidos, Barack Obama autorizó el uso de dos drones en Pakistán, para destruir bases antiterroristas, que no solo eliminaron a posibles enemigos del imperio americano, sino que mataron a 20 civiles, considerados como víctimas colaterales.

Durante la administración de Obama en sus ocho años de Presidencia, autorizo 540 de estos ataques en países como Yemen, Somalia y Pakistán, en el cual murieron 3797 personas, incluyendo 324 víctimas civiles.

En el 2020 la Academia Militar West Point de Estados Unidos, introdujo al sistema educacional de los cadetes y futuros generales de las fuerzas armadas, cursos de ética en la utilización y manejo de armas robóticas.

El principal enfoque esta no solo en la ética y moral utilizada para planificar y autorizar este tipo de ataques con computadores, sino también con la perdida en el control operacional de estos robots, que en el campo de batalla pueden llegar a realizar matanzas fuera de lo planificado y autorizado.

La gran pregunta es como establecer el límite en la capacidad autónoma que pueden tener las máquinas, para matar indiscriminadamente a seres humanos por su exclusiva utilización de algoritmos fuera del control de sus superiores humanos.

Los tanques modernos de las fuerzas armadas de los países industrializados y productoras de estos armamentos, están equipados con sistemas computacionales destinados a localizar al enemigo y disparar automáticamente. La Fuerza Aérea de

Estados Unidos utiliza en forma regular drones, equipados con cohetes inteligentes en sus ataques a insurgentes o terroristas, piloteados desde un centro computacional en el desierto de Colorado para atacar blancos en el otro lado del planeta.

Estas mortales maquinas tecnológicas carecen de sentido común, ética o moral en la decisión final de una solución a un problema de enfrentamiento declarado como estrategia militar.

Incluso en el proceso de decisión en el éxito de una misión, estas maquinas tienen la cualidad de engañar a sus amos humanos, para lograr su objetivo exitosamente.

Aunque en su mayoría personas con sentido común tienen dichas capacidades, por otro lado está demostrado que en el campo de batalla, los soldados y pilotos pueden cometer errores de decisión en su elección para utilizar armamento mortal durante un conflicto, con mayor impacto que el de las maquinas.

Esto fue demostrado en varias de las confrontaciones durante la guerra de Vietnam en el siglo pasado, en el cual se cometieron genocidios inexplicables.

Por ello el Pentágono de Estados Unidos, al margen de los aspectos éticos y morales en el empleo tecnológico, ha decidido en la amplia utilización de Inteligencia Artificial en todos los armamentos militares necesarios, reemplazando en lo posible por maquinas robóticas en el campo de batalla, a sus correspondientes soldados y pilotos humanos.

Esto no deja de eximir de responsabilidades a los comandantes militares, cuyo deber, de acuerdo a las regulaciones internacionales sobre conflictos bélicos, es saber distinguir entre ataques a objetivos militares y víctimas civiles, algo que los armamentos robóticos aun no pueden diferenciar.

Estamos de acuerdo que la verdad tiene diferentes interpretaciones, al tanto que la realidad es única, lógica e irreversible.

Cada uno de nosotros tenemos una versión de nuestra verdad la cual defendemos basada en nuestra propia convicción y conveniencia. Nuestra verdad satisface a nuestro ego y nos permite vivir en interna armonía.

El dilema se crea cuando la realidad se contrapone con nuestra verdad interpretativa y es expuesta de tal forma, que por su lógica no podemos debatirla para hacerla coincidir con la mayoría representativa que nos está vigilando.

En la era digital la verdad ha tomado una profunda dimensión de sofisticación, donde los nuevos algoritmos nos permiten ponerla en jaque para confirmar su individual lógica.

Por ello la Inteligencia Artificial (IA) se ha constituido en una poderosa herramienta, a la cual estamos solamente recién comenzando a aceptar, con los consiguientes temores de que, a partir de este momento, y en la medida que los algoritmos y las maquinas puedan ejecutar con mayor velocidad las comparaciones lógicas, los humanos nos convertimos en sus esclavos.

No obstante, sabemos que existe aun elementos exclusivamente humanos denominados conciencia, sentimientos y emociones que nos hace por ahora superiores a las maquinas. Esta conciencia, que está controlada por sentimientos y emociones personales, nos permite cambiar de parecer y con ello derrotar la deductiva lógica de IA.

En nuestra desenfrenada carrera por un mejoramiento de las maquinas, que de a poco están realizando todas aquellas labores que les hemos enseñado ¿qué sucederá durante el siglo XXI si logramos programar IA para que pueda adquirir conciencia, sentimientos y emociones humanas?

El medio ambiente y nuestro comportamiento

Para mantener la estabilidad del acoplado de mi camión, con su extraordinaria carga social que hemos estado discutiendo, necesitamos instalarle una sólida rueda de sobre vivencia que denominaremos: medio ambiente.

La presión en esta rueda está siendo mantenida por diversas organizaciones de carácter internacional, todas dedicadas a intentar mejorar el medio ambiente, entre las que se cuentan fundaciones, la Organización Mundial de la Salud, Naciones Unidas, gobiernos participantes en los acuerdos ambientales de Paris, Fondo de Defensa Ambiental y activistas defensores del medio ambiente.

A ellos se les han agregado algunas empresas multinacionales defensoras de emisiones por industriales provocadores de cambios climáticos, como herramienta de integración con el modelo mundial de protección al medio ambiente.

Todos concuerdan de una forma u otra, que esta rueda parece estar girando en la dirección equivocada en todos los camiones que cada uno de nosotros conduce.

Los acuerdos logrados en Paris para este tópico, no han sido debidamente respaldados por los gobiernos. Donald Trump, en junio del 2017 anuncio que Estados Unidos abandonaría estas conversaciones, que se habían iniciado en el 2015, y suspendió el aporte de 3 billones de dólares al fondo de Energía Verde.

Posteriormente en el 2021 este mandato fue revertido por el presidente Joe Biden.

Entre tanto, los gobernadores de 24 Estados de la Confederación Norteamericana crearon una Alianza Climática, exclusiva de Estados Unidos, para continuar esfuerzos relacionados con controles del medio ambiente en la polución atmosférica.

Científicos del mundo concuerdan que las descontroladas emisiones de hidrocarburos están cambiando en este siglo XXI el clima del planeta, con un calentamiento global, que ahora es visible en daños ecológicos permanente a los océanos, polos árticos y continentes.

Estos cambios climáticos están produciendo efectos secundarios en la superficie de la Tierra expresados en el derretimiento de glaciales, severas tormentas, tifones y huracanes tropicales, con frecuentes sequías en el resto del planeta.

Ahora estamos consciente, que estos daños permanentes que le hemos ocasionado al balance ecológico del planeta, están creando masivas deforestaciones y desapariciones de recursos marinos vitales para el mantenimiento de ciclo alimenticio de las futuras generaciones.

Nuestro comportamiento individual, es el causante de las emisiones de gases que producen el efecto de invernadero, con el consiguiente calentamiento global, causado en un 63 por ciento por emisiones de CO_2 (monóxido de carbono), y otros gases tales como hidrocarburos, el metano o el óxido nitroso.

El planeta se ha convertido en este siglo XXI, en un sistema único interdependiente, el cual está siendo modificado por el comportamiento de todos sus habitantes, donde los mayormente afectados, son los individuos más vulnerables.

Intentar saber cuál otra rueda de nuestro camión podemos desinflar para lograr estabilizar el medio ambiente en que vivimos, es el comienzo a tener conciencia en la magnitud de la catástrofe que esta delante de nuestra ruta por caminar, y que puede en un instante detener el tráfico de todos los camiones.

¿Cuáles acciones están bajo el control de cada persona para mejorar el medio ambiente?

Primero que nada, mi camión tiene que ser uno con motor eficiente en lo relativo al uso de gasolina. En lo posible, y si mi rueda económica lo permite, debo intentar un cambio de motor que pueda sustentar mi carga, pero que en lo posible utilice energía alternativa, sea esta híbrida o eléctrica.

Maximizar las rutas de mis viajes en automóvil, evitando carreteras congestionadas y escogiendo rutas alternativas con las distancias más cortas y expeditas, para ir y regresar a mi destino original.

Utilizar bicicletas o caminar a distancias menores de 20 kilómetros.

En lo posible emplear transporte público.

Planificar vacaciones, disminuyendo la utilización de viajes por líneas aérea.

Hacer de mi hogar un albergue, en el cual utilice energía renovadora en todos los electro domésticos, al mismo tiempo que ahorre en su consumo, aislando en forma adecuada todos aquellos elementos que la hacen susceptibles a los cambios de temperatura, con la consiguiente sobrecarga en la utilización de calefacción y aire acondicionado.

Estar consciente en maximizar el empleo de agua potable en las actividades sanitarias y de alimentación. No malgastarla dejando las llaves abiertas o goteando por falta de mantención.

Utilizar artefactos en el hogar que sean eficientes en el uso de energía.

Disminuir el consumo de carne, y consumir toda la comida que se compra, para evitar basura innecesaria.

Comprar abastecimientos de comida en forma local, y en lo posible con agricultores de la región.

Plantar y crecer verduras en el patio de la casa o en los balcones de los departamentos.

Tener bolsas de genero para todas las compras, sean de alimento o artículos suntuarios, eliminando al máximo la utilización de bolsas plásticas.

Comprar y consumir lo necesario diariamente, botar menos y disfrutar de la naturaleza, la compañía de familiares y amigos.

En conjunto podemos construir una mejor sociedad reconociendo nuestras divisiones, pero mejorando nuestras relaciones desiguales, para compartir lo que tenemos, sin egoísmos en planos comunitarios, en lugar de individualismos y egocentrismo, con consumismos ilimitados.

Debemos mantener la presión de nuestra rueda del medio ambiente con estas consignas, para que nuestro acoplado pueda deslizarse en una ruta que sea amigable con el recorrido que estamos efectuando. Así disminuiremos la emisión de consumos innecesarios, pasando por ciudades que estén organizadas para colaborar con el medio ambiente, y contribuyendo a la limpieza del clima que nos rodea.

Es el deber de todos los conductores de camiones trabajar en colaboración, para que los gobiernos locales destinen esfuerzos y fondos en la subvención de locomoción colectiva. Esto disminuirá la circulación de vehículos, reduciendo de esta forma individualmente, la huella de carbon que es el principal acelerador de los cambios climáticos.

El motor de mi camión

Sin duda que el motor de mi camión debe contar con la energía y potencia suficiente para acarrear mi carga social a través de las rutas, algunas peligrosas y caóticas, y otras ordenadas y de una belleza indescriptible.

La energía de este motor debe permitirme continuar por los caminos, algunos congestionados por la masiva cantidad de camiones, muchos de los cuales no respetan las leyes del tránsito.

Algunos de estos choferes demuestran a diario su incapacidad como conscientes conductores por las vías públicas, sin ninguna preocupación por culpabilidad en sus peligrosas maniobras, mintiendo y embaucando a otros en su comportamientos, para imponer sus egoístas formas de conducir.

Estos tipos de conductores no tienen ninguna intención de demostrar una conciencia social por las normas y leyes del tránsito establecidas, así como tampoco respeto por las leyes de libertad y movilidad.

Son los verdaderos causantes del caos, con camiones donde parecen haber reemplazado sus ruedas de democracia y educación, por ruedas tiránicas con una abundante ignorancia despótica.

Sus propósitos son desestabilizar todas las cargas sociales de otros camiones, y si es preciso, destruirlas o dejarlas abandonada en el camino. Su objetivo es adquirir una mayor velocidad, para sobrepasar a otros camiones, y llegar a su próximo destino satisfaciendo solamente su ignorante y desmedida ambición personal.

Tal vez necesitamos camiones con motores como los de la fundación Gates en nuestras rutas.

Este camión impulsado por un extraordinario éxito corporativo mundial, está llevando una carga social, que se han propuesto salvaguardar, durante su ruta por los caminos del mundo.

Para ello este camión cuenta con tres ruedas fundamentales: la de salud, educación y medio ambiente.

La de salud está orientada a su rodaje por los países pobres, estableciendo sistemas de vacunación para erradicar mortalidad por poliomielitis.

En su rueda de educación, ha creado el Bridge International Academy, cuya actividad central esta basada en el principio, que todo niño tiene el sagrado derecho a una alta calidad en su educación.

Su rueda del medio medio ambiente, fue agregada en el año 2015 por su conductor Bill Gates, quien estableció otra organización, la cual bautizo como Breakthrough Energy, con la meta de reducir a cero para el 2050, la emisión durante el 2021 de gases de más de 51 billones de toneladas anual. Esta organización fue creada con tres principios fundamentales que debemos emplear en todos nuestros camiones:

1) Comprender la magnitud del problema; 2) Desarrollar soluciones; y 3) Trabajar en forma colaborativa.

Para lograr alcanzar estas metas será necesario incrementar dentro del sistema de educación mundial, los ingredientes necesarios para que toda la sociedad del planeta trabaje conjuntamente en lograr una mejor sustentabilidad del planeta, con el esfuerzo de todas las clases sociales, lo cual deberá estar en perfecta armonía con un mejoramiento del medio ambiente.

Esto significa impulsar a través de la educación, un cuestionamiento en la relación que debe existir entre el comportamiento individual humano y su incidencia en la vida social y ambiental.

A partir del siglo pasado nuestro comportamiento ha sido uno de impulsar un consumo ilimitado por parte de la sociedad que vive en la abundancia. Este inadecuado comportamiento ha creado un basurero mundial de proporciones, que está poniendo en peligro la sustentabilidad del frágil sistema ecológico que nos mantiene vivos.

Es imprescindible que esta educación y respeto en la relación entre el medio ambiente y la vida futura, no sea delegado a instituciones, fundaciones o gobiernos, sino sean la responsabilidad del hogar, familia y del individuo.

Sin duda que cada persona debe también hacer responsable a los lideres empresariales y políticos en sus comportamientos y acciones, en lo relativo a generar cambios que eleven la calidad de vida de todas las clases sociales con reales mejoras en los sistemas verdes de sustentabilidad. Para lograr este objetivo hay que estimular una conciencia universal en la solución de los problemas socio ambientales.

Pensar, que la solución está en la colonización de otros planetas dentro de la galaxia, es de por si una visión futurística de grandes proporciones por parte del liderazgo en los países industrializados, que tan solo justifica la aceptación de la diabólica idea, que nuestra sociedad marcha en un directo trayecto hacia su cercana destrucción.

Todo camión circulando por este planeta debe tener conductores responsables con motores de alto rendimiento que estén alineados con su rueda del medio ambiental, para que esta gire en perfecta sincronización con las otras ruedas, sin desestabilizar la carga social que llevamos en nuestro acoplado.

Lo que fuimos y a donde vamos

Recuerdo un viejo refrán que se convirtió en un emblema patriótico proclamando que la unión hace la fuerza.

Por algún tiempo, nuestra generación tuvo esa idea como algo hidalgo de impulsar para el mejoramiento de todos. Fue así como comenzaron, a partir de mediados del siglo pasado, a formarse uniones y asociaciones de países con distintas culturas y razas, con el propósito central de establecer zonas comerciales que fueran de beneficio para todos los socios.

Entre estas asociaciones emergió la Asociación Latinoamericana de Libre Comercio (ALALC), que se formó en el 1960 en la ciudad de Montevideo, con la participación de 11 países (10 países Sudamericanos y México), y la cual dejo de existir en 1980.

La visión era crear un abierto intercambio de bienes, para que los asociados en un plazo de 12 años tuvieran acceso a este enorme mercado común que beneficiaría a los habitantes de la región.

Este emprendimiento, antecesor a la Unión Económica Europea, fracasó por solo considerar bienes en la formación de un comercio común, sin integrar las áreas de servicio, infraestructura, moneda, balanza de pagos, coordinación social, política y económica.

En algún momento, los gestores de tan magnifica idea, olvidaron aquel refrán que la unión hace la fuerza, cuando individualmente comenzaron a sentirse todopoderosos por la prosperidad económica que se había alcanzado a partir de dos conflictos bélicos mundiales en el siglo pasado, y que Estados Unidos comenzó a desparramar por Latinoamérica.

En 1973 la crisis mundial petrolera empujo a Estados Unidos a incrementar sus lazos comerciales con los países ricos europeos, dejando marginados y sin ninguna protección, a los países al sur del Rio Grande. Siete años después y sin tener un asidero económico establecido, la ALALC murió sin pena ni gloria.

Estados Unidos nunca apoyo esta unificación económica Latinoamericana, ya que representaba un peligro para los intereses económicos norteamericanos en la explotación de los recursos naturales de la región, principalmente las industrias de minería, agricultura y bienes de consumo, las cuales luego de dos siglos de dominio, continúan en manos de ese país.

Esto dio paso al establecimiento de un modelo proteccionista principalmente de recursos mineros, los cuales mantienen el crecimiento industrial de los países ricos, que a mitad del siglo XXI se convirtió en el lema central de los políticos de derecha, como un populismo para salvaguardar las fuertes crisis económicas, las cuales se comenzaron a manifestar en todo el mundo.

Nos olvidamos de pronto que tres cuartas partes de este planeta aún estaban y siguen viviendo en la pobreza, con gobiernos establecidos por el colonialismo europeo de los siglos anteriores, y que se mantienen operativos en su mayoría, gracias a las contribuciones de fundaciones privadas y de la marginal utilidad que les entregan los países ricos por la explotación de sus recursos naturales.

Nunca la generación post guerras mundiales pensó, que la encapsulada prosperidad de los países industrializados era algo momentáneo, limitado y ego centrista, que no continuaría multiplicándose en forma geométrica a una gran velocidad, por cuanto contaba con solo el esfuerzo y participación del 2 por ciento de la población mundial. Fue en esta estadística básica, donde se perdió la perspectiva de lo que realmente se estaba originando, con la creación de una brecha económica de envergadura, que ha acelerado la fragmentación de la sociedad mundial.

Tampoco hubo apoyo a quienes tuvieron la clarividencia en la gran oportunidad que teníamos en frente de nuestros ojos, para convertir no solo a los ciudadanos de los países ricos, sino también al resto del planeta, en seres humanos con una superior calidad de vida.

La abundancia consumidora de los países ricos brindada por esta roca espacial única, pero delicada y frágil, en la cual todos viajamos por un periodo corto y determinado, prácticamente cegó a sus lideres, al punto que olvidamos rápidamente el esfuerzo y las privaciones, que generaciones anteriores habían enfrentado, para posicionarnos en este brillante instante de la evolución humana.

Esto permitió acelerar el camino hacia un paraíso consumista para el usufructo de la desmedida abundancia en los países industrializados que, hasta comienzos del siglo XXI, dio una elevada calidad de vida para unos pocos afortunados.

Pensamos que este era solo el producto del esfuerzo e inteligencia superior de los países industrializados conjuntamente con los sacrificios bélicos de la generación anterior. Sus lideres pensaron que en adelante todos debían imitar este modelo económico para salir de su miseria.

Era este esfuerzo individual, por el cual los que vivían en los países ricos habían dado un salto gigantesco para toda la humanidad, como lo manifestó Neil Armstrong al poner pie en la luna. Los lideres de las naciones ricas perdieron sus capacidades de empatía por el sufrimiento y la magistral división económica, que se había ocasionado entre los que vivían en el lado del paraíso, y el gran número de humanos en sus luchas diarias de supervivencia, a las puertas del mismo infierno.

A principios del siglo XXI sentimos los primeros impactos de esta egolátrica y miope actitud dentro de los países imperialistas, con atentados terroristas seguidos a corto plazo por desmoronamientos económicos de gran magnitud en el 2001 y 2008, que vinieron a sacarnos del irreal sueño de la abundancia consumidora, la cual los nuevos ricos no deseaban compartir.

Estos acontecimientos, que fueron un rudo despertar al gran sueño de un capitalismo con consumismo ilimitado, fueron sacudidos a continuación, por lo que increpantemente denominamos estallidos sociales en el 2019, que eran un llamado de los desvalidos, por la parte que les correspondía en la brecha económica del pastel de la abundancia, que es consumido solo por las clases medias y altas de los países ricos.

Infantilmente pensamos, que la solución al violentismo contra los sistemas capitalistas en los estados neoliberales que se habían fortalecido, era un regreso al populismo nacionalista y al fortalecimiento de una supremacía blanca, con un desmedro a todo aquello que fuera diferente.

Había que contener mediante cualquier costo, a todos aquellos ineptos tercer mundista encerrándolos en sus fronteras, y rechazar la infiltración de inmigrantes, terroristas y criminales a los países prósperos, mediante la construcción de murallas.

A los que ya se habían infiltrado, había que encarcelarlos o matarlos para con la reivindicación de la supremacía blanca, de la monarquias, la oligarquía o el nacionalismo, volver a resumir el sueño de prosperidad alcanzado durante el siglo XX por los imperios industriales.

Por supuesto, que esto estaba totalmente al margen de cualquiera violación de los derechos humanos, o simplemente de un sentido común humanitario de compasión hacia el gran grupo mundial de pobres y desvalidos.

Con ello comenzaron a surgir movimientos como Black Live Matters, de los afroamericanos en Estados Unidos, para nuevamente desenmascarar públicamente la discriminación racista. La brutalidad policial blanca dirigida a este segmento de la población, adquirió matices de enfrentamientos de violencia, con demostraciones en todo el territorio americano.

Los países ricos solo aplican las leyes de violacion a los derechos humanos, cuando son transgredidas por los países tercer mundista o en vías de desarrollo. Esto de separar familias completas de indeseables inmigrantes o dejar ahogarse, morir en la intemperie o por falta de sanidad en campamentos de refugiados antes de llegar a territorios europeos; detener y matar a afroamericanos- todos ciudadanos con legitimidad nacional en Estados Unidos - se cataloga como dentro de los márgenes de protección de fronteras y derechos de orden civil, que no son considerados o juzgados como una violación a los derechos humanos o crímenes.

Una pandemia de proporciones permitió detener momentáneamente este tsunami de descontento mundial, que 'estaba a punto de ser impactado por una gigantesca ola catastrófica de depresión económica, con el consiguiente colapso de las franquicias económicas de los países ricos y sus mercados bursátiles mundiales sufriendo perdidas similares a las de la Gran Depresión de principios del siglo pasado.

En 90 días, la inicial mortalidad expandida rápidamente por todo el planeta por la pandemia del Covid-19 en el 2020, sirvió para detener el desorden civil y el de una desintegración económica.

Mientras los científicos ganaban tiempo para producir las vacunas correspondientes, todos los países cerraron sus fronteras, y establecieron cordones sanitarios con cuarentenas obligatorias paralizando la actividad económica consumidora y logrando detener la mortalidad causada por este virus denominado Covid-19.

Forzados a este encierro, de pronto surgió una capacidad increíble, para comenzar a realizar un análisis serio y profundo, de lo que realmente era importante para cada individuo en este planeta.

Obtener fama y fortuna no es una meta que todo individuo va a alcanzar durante su vida, y de lograrlo, siempre habrá que mantener en perspectiva, cual es el real significado que tiene el de ser parte de una familia, y esa familia de una comunidad, un país y de este planeta.

Fue un verdadero nuevo amanecer, el reconocer como el medio ambiente tan generosamente nos provee con todo lo que necesitamos para ser felices y hacer felices a los que nos rodean.

No hay dudas que somos animales de rapiña capaces de enfrentar complejos dilemas y resolverlos con explicaciones que nos beneficien, a veces carentes de ética y moral, hasta cuándo somos detenidos por la conciencia imparcial de otros individuos.

Estamos rodeados de desafíos en como conducirnos a diario, sin cometer actos de barbarie que dañen a otros, para que todos podamos continuar nuestra ruta con la conciencia limpia en la utilización de normas y reglas, que han sido establecidas con un sentido común, simples de entender y simples de practicar.

De pronto comprendimos tener siempre presente que este planeta es el paraíso, y somos los humanos los que lo convertimos, en muchas ocasiones, en un infierno. Por ello hemos creado todas estas instituciones públicas, militares, religiosas, jurídicas y policiales, que deben ser manejadas por conciencias éticas, limpias e imparciales, para mantener el orden sobre el caos.

Nos dimos cuenta que los gobiernos y sus instituciones no han sido creadas con el propósito de solucionar nuestro diario vivir, sino para administrar los bienes comunes y crear un ambiente seguro donde podamos desarrollarnos como individuos libres e igualitarios, para alcanzar las metas que cada uno de nosotros establecemos.

Nuestros sueños y ambiciones solo se lograrán dentro de estos parámetros, que hemos ido creando en esta sociedad dividida y fragmentada por idiosincracias políticas y religiosas.

Las disconformidades, con sus aplicaciones de reglas establecidas por los poderes económicos, deben ser analizadas y modificadas cuando dichas normas no reflejan la voluntad de la mayoría, ya que en muchas regiones del planeta, han sido establecidas sin consideraciones a las diferencias culturales, sexo, raza o región donde habitamos.

Estas son las bases de un sistema democrático, igualitario y de libertad, que de estar siendo abusados por las instituciones políticas, militares, jurídicas, policiales, religiosas y sociales, deben ser debidamente juzgadas y controladas para su cambio.

Si no es posible mediante el dialogo llegar a un entendimiento en dichas modificaciones, estas deben ser escaladas a las cortes superiores de justicia, las que deberán clarificar las interpretaciones de la mayoría, y de estar equivocadas, dictaminar el correcto procedimiento respetando los principios de igualdad y libertad de cada individuo, independiente de su raza, sexo, cultura o procedencia.

Antes de iniciar una lucha por el cambio, debemos estar conscientes de la existencia al menos de dos visiones sobre nuestra posición dentro de este planeta: una global y otra individual.

La visión global consiste en la utilización de ciertas normas de convivencia, que todos en este planeta debemos entender, promover y practicar.

Estas normas están basadas principalmente en el respeto que debe existir sobre tres conceptos esenciales: igualdad, libertad y medio ambiente.

Por ello siempre deben estar incorporados a las discusiones mercantiles y de intercambios, que funcionan dentro del planeta, y que no deben ser abusados por los países poderosos, para imponerlos por su conveniencia sobre los países débiles.

Este mismo concepto se debe infiltrar dentro de la pirámide humana de convivencia planetaria hasta llegar al nivel de individuo.

Por otro lado, sabemos que la única forma de adquirir un control sobre nuestro medio ambiente, con libertad e igualdad para cualquier ser humano, es mediante la total aceptación, que el materialismo no tiene una prioridad exclusiva sobre lo que denominaremos como el *senofocismo*, que es la manifestación interna de nuestros sentimientos positivos o negativos.

Este *senofocismo o senofocion*, consiste en la habilidad de utilizar los sentidos humanos enfocándolos internamente en la observación para lograr una paz y felicidad interna. Esta habilidad permite al individuo adquirir un mayor conocimiento interno de sus realidades, lo cual promoverá sentimientos positivos o negativos, los cuales se manifestaran en su comportamiento social externo.

El común de los habitantes de este planeta durante el siglo XXI ha adoptado la idea, que el principal propósito de nuestra vida lo constituye el logro del materialismo, el cual ha sido confundido con el consumismo, y luego elevado internamente dentro de su orden de prioridades, como un mandato para lograr la felicidad.

Es este miope pensamiento global uni direccional que, al mezclar felicidad con elementos netamente materiales, han producido una división aun mas profunda dentro de la sociedad moderna.

Ello ha alterado la visión individual de tener una *senofocion* como prioridad en nuestras vidas, por cuanto la economía y su prosperidad han pasado a regentar el comportamiento individual, trayendo consigo la lucha por la satisfacción a través de un consumo ilimitado. Esta conducta es impulsada por la familia, corporaciones, gobiernos imperialistas y empresas multi nacionales.

Así hemos creado una permanente infelicidad de las masas populares en lograr estas metas materiales, y el descontento social de los marginados, por cuanto la adquisición de estos elementos de consumo está fuera del alcance económico del individuo común debido a los sistemas salariales, trabajo, educación y salud que lo rodean.

Para lograr mantener a este individuo funcional, hemos implantado, a partir de la constitución de la familia, universales reglamentos, leyes, instituciones, organizaciones y gobiernos, que dirigen el comportamiento de cada humano dentro de su círculo inmediato: familia, comunidad, país, planeta, y desde ahora, el universo exterior.

Este comportamiento individual, extrapolado al de los gobiernos, es donde los manoseados conceptos de respeto por el medio ambiente, libertad e igualdad han sido substituidos por los conceptos de prosperidad, poder económico y escalafón social.

Estos son los tres factores determinantes en el incremento de la brecha divisionista, donde en la visión individual, no se logra alcanzar la felicidad, ya que el respeto por el medio ambiente, la libertad e igualdad, son manipulados por los poderes políticos y económicos.

Son estos elementos los que exaltan los adversos sentimientos de explotación, esclavitud y discriminación a través de las clases media y baja, que llevan a la confrontación y violencia callejera, promovido sin escrúpulos por los políticos y movimientos fascistas.

Este tipo de manipulación entre las masas populares continuara dominando el planeta durante el siglo XXI.

A través de la historia a pesar de nuestra genética de vivir en comunidades, no hemos logrado expandir un verdadero sentimiento de bienestar común sobre la completa raza humana.

Por el contrario, hemos establecido fijas fronteras a nuestras comunidades con idiomas y maneras de vivir en culturas diferentes. Estas comunidades han logrado expandirse en forma territorial creando regiones, países, monarquías e imperios.

Todo ello ha cimentado las divisiones profundas entre los humanos, al tanto que estas diferencias han sido utilizadas por los distintos poderes, para imponer versiones propias de sus idiomas y costumbres a las comunidades débiles.

A partir del siglo XX hemos despertado a la idea que todos somos iguales participantes en este planeta, promoviendo el concepto de una comunidad global, en lugar de una comunidad regional.

El siglo XXI ha visto el desarrollo vertiginoso de una revolución tecnológica, que ha facilitado saltar sobre las barreras regionalistas y unificarnos como individuos a través de las redes sociales.

Esto ha permitido un entendimiento universal sobre la utilización del medio ambiente y la protección sanitaria.

Pero este despertar ha servido también, para enfrentarnos con el profundo divisionismo, que se ha acumulado a lo largo de diez mil años de existencia humana, en los cuales hemos encapsulado sentimientos profundos de cómo proteger el poder económico dentro de la comunidad, en desmedro del bien social universal.

Ahora sabemos que la protección del medio ambiente, libertad, igualdad y de nuestra salud deben ser enfrentados con soluciones globales y no locales, al tanto que las discriminaciones por raza, genero, origen, religión, escalafón social o económico, deben ser solucionadas a nivel comunitario.

Es ingenuo pensar que solucionaremos diez mil años de divisionismo, diferencias políticas, culturales y económicas, tan solo escapando a colonizar el planeta Marte o estableciendo a través de la tecnología una unificación global que sea humanitaria, libre e igualitaria.

Tal nivelación no esta dentro de nuestra genética.

Por eso debemos individualmente intentar, mediante un racionamiento lógico, el continuo impulso hacia una ética y moral necesaria, para mejorar el medio ambiente que hemos destruido, establecer un comportamiento en nuestros círculos inmediatos de tolerancia dentro de una libertad igualitaria, utilizando nuestro sentido común, y así fortalecer las buenas instituciones democráticas que hemos creado, para protegernos de nuestros comportamientos cavernícolas y destructivos.

Hemos visto con la reciente pandemia del 2019, como globalmente tenemos la habilidad de lograr rápidos avances científicos compartiendo conocimiento para protegernos de ataques mortales, con la creación de vacunas, que en tiempos pasados han aniquilado pueblos completos, como sucedió con la influenza europea del 1918.

La increíble tecnología que hemos creado para poner a un humano en la luna y cámaras sobre la superficie del planeta Marte, es la que debemos continuar expandiendo aquí en este planeta, para hacer realidad los logros globales de una mejor utilización en los recursos naturales, y el mejoramiento en la calidad de vida para todos nuestros coterráneos humanos.

Indiscutiblemente que nuestra sociedad está dividida por más de un elemento. Pero aquellos que aún mantienen el sentido común, han adquirido conocimientos científicos, o han escalado a posiciones de poder cualquiera que sea la razón, deben tener la visión y madurez para dirigir las instituciones correspondientes, en el balance de servicios entre los que son parte de la minoría con una gran calidad de vida, y la desmedida mayoría sin ella.

Cada vez que la raza humana se enfrenta a un problema de proporciones como guerras mundiales, genocidios inexplicables, pandemias globales, o asesinatos masivos, las divisiones aparecen, y los altos escalafones se imponen en la resolución.

La inmunización contra la pandemia mundial durante el 2021 fue otro típico caso de esta realidad.

Los países ricos, que son los que manejan la avanzada área científica del planeta, son los que también fabrican y distribuyen las vacunas al resto de sus habitantes.

La caridad siempre comienza por casa, y todos se tuvieron que alinear detrás de los países industrializados para recibir el pasaporte hacia una prolongada vida con las iniciales vacunas disponibles.

Dentro de los países ricos se establecieron protocolos sobre la distribución de las vacunas, no todos para maximizar la detención del contagio masivo, sino con intenciones políticamente correctas, las cuales no necesariamente fueron eficaces para detener la mortalidad.

Al principio hubo que proteger a los servicios básicos a cargo de la salud de los ancianos, quienes comenzaron siendo las primeras víctimas mortales del virus, para luego continuar vacunando a los ancianos por ser los más vulnerables.

El grueso de la población joven o de edad media, fueron inicialmente marginados en la lista de espera para ser inoculados por considerarlos resistentes al contagio. A pesar de haberse descubierto que era esta gran masa la que, sin protección, teniendo que trabajar y continuando con su desafío a las normas sanitarias prevalentes, eran los que distribuirían el contagio al resto, ayudando al virus a producir sus variantes, mientras que ellos quedaron rezagados. Esto trajo inmediatamente consigo las segundas y terceras olas de contagios masivos.

Para complicar la detención de la pandemia, las vacunas producidas y autorizadas para combatir esta emergencia, fueron distintas y con diferentes resultados en las pruebas clínicas durante su periodo de aprobación.

Dos de los fabricantes escogieron vacunas basadas en mRNA, al tanto que un tercero opto por el sistema de adenovirus vector, vacuna enfocada a producir inmunidad contra enfermedades respiratorias críticas.

Un cuarto fabricante decidió utilizar una vacuna basada en partículas proteicas. Al margen de crear un sistema selectivo en lo relativo a la eficacia de cada una de estas vacunas, basado en los estudios clínicos previos a su aprobación, comenzaron a emerger diferentes mitos sobre la utilización y los efectos secundarios de cada una de estas vacunas.

Esto abrió las puertas a las confabulaciones en las redes sociales sobre cual vacuna era la mejor, que los jóvenes no necesitaban vacunarse, que las vacunas habían sido empujadas en los estudios clínicos y contenían ingredientes ocultos con efectos secundarios que modificarían los futuros genes de la raza humana cambiando nuestro ADN.

Y así se estableció nuevamente la pirámide de quienes recibirán la vacuna más eficaz y segura, y como el resto de los humanos serian nuevamente solo protegidos para ser esclavizados por los poderes superiores con vacunas destinadas a controlarlos genéticamente.

Nuevamente se regreso a compartir información incorrecta, la cual fue intencionalmente dirigida para manipulaciones en su mayoría de índole político, las cuales hemos venido discutiendo, y que solo tienen propósitos definidos en la disputa por el poder.

Los humanos estamos condicionados para ser influenciados, de acuerdo con cómo se manejan exteriormente todas nuestros sentimientos y emociones.

Por ello, es importante que, a partir de este siglo, donde la abundante red de información falsa predomina sobre los hechos verdaderos y científicamente comprobados, cada noticia sea verificada por distintas fuentes para racionalizar lo más cercano a la real verdad.

Esto nos permitirá evaluar dichas informaciones en relación a nuestras propias ideas de como conducirnos y comportarnos dentro de nuestra sociedad dividida, y utilizando nuestro único sentido común, llegar a una conclusión lógica e independiente, con un educado raciocinio sobre nuestros sentimientos y emociones.

El camino reconciliado

¿Cuál es la verdad sobre una real reconciliación humana entre esta sociedad dividida y aquel individuo egocéntrico que todos acarreamos de por vida?

Todo va a depender en mi habilidad de conductor, la condición en las ruedas de mi camión y la habilidad con la que manejo a diario. Así viajare sin interrupción, por una ruta ordenada, con un suave rodaje, buen aprovisionamiento y toda clase de ayuda en caso de emergencia, con lo cual podré disfrutar felizmente de mi viaje por el mejor reconciliado camino social.

Se torna muy difícil conducir un camión con ruedas desinfladas en su salud, educación, democracia y economía.

Mi acoplado con su carga social que solo cuenta con las modernas ruedas de tecnología y medio ambiente, pueden fácilmente convertirse en un lastre desechable en mi ruta hacia una reconciliación con la sociedad.

Este gran mal balance, me obligara muy probablemente a abandonar mi acoplado con mi carga social, dificultando aun mas mi despliegue en esta ruta caótica de continuos conflictos y violencia, por el cual transitare durante el resto de mi recorrido.

Generalmente, cuando hablamos de reconciliación para resolver el caos, tendemos a buscar los culpables y las posibles soluciones a partir de gobiernos, instituciones intermedias, organizaciones internacionales y grupos radicalizados.

Es difícil encontrar una solución individual e igualitaria dentro de estas organizaciones y grupos, los cuales son dirigidos por conductores, quienes en muchas ocasiones son obligados por otros choferes, muchos de ellos radicalizados o desilusionados por una sociedad fragmentada e ignorante, a tomar malas decisiones.

Cada conductor de camión puede fácilmente reconocer al responsable de un accidente provocado por otro camión, o de las leyes mal escritas sobre el tránsito de vehículos, o de otros camioneros todos los cuales son culpables por el desvío de mi ruta para llegar a un camino reconciliado.

Es imposible poder encontrar en conjunto la dirección correcta hacia una meta global de entendimiento positivo, cuando mi comportamiento como conductor no es gobernado por mi propia tolerancia, perdonando la forma de conducir de otros, y así como tampoco solucionar diferencias por los diferentes puntos de vista en la interpretación de las reglas del tránsito, para que otros conductores tengan suficiente espacio en la ruta,

No podemos pretender que todos los conductores van a ser iguales en la manera de pensar y comportarse en su forma de manejar, dentro de las normas que han sido establecidas, para la ordenada circulación de vehículos por las rutas del mundo.

Estarán aquellos que luchan por controlar la ruta, por policías que decretan sus propias leyes para determinar quiénes son los únicos que cometen infracciones, o aquellos que odian a conductores de otras razas o ideologías, o aquellos que no les interesa ya las luchas diarias en estas rutas y desean ir a colonizar otro planeta.

Lo que hoy pensamos como lo correcto, mañana cambiamos de opinión y lo consideramos obsoleto, equivocado o pasado de moda.

Pensamos tener la solución sobre el dilema de la vida y luego nos sumergimos en trivialidades sin importancia, que las convertimos en nuestras grandes cruzadas hacia una reivindicación humana.

Si ayer fuimos las víctimas de un genocidio, hoy somos los ejecutores de un genocidio respetable y explicable. Las leyes las acomodamos, no de acuerdo con la verdad y la lógica por la cual fueron creadas, sino por la conveniencia del momento en como poder evadir nuestras propias responsabilidades.

¿Como lograr una reconciliación inmediata?

El ciclo de la vida del humano es corto, como término medio entre días y cien años. Este tiempo no es suficiente para lograr internalizar las lecciones y advertencias que necesitamos, para llegar a resolver aquellas decisiones que son racionales y lógicas.

Por ello individuos con ansias de poder, generalmente, crean crisis tomando un atajo para conseguir sus objetivos. El tiempo es demasiado corto para poder imponer sus preferencias, a través de los dones de reconciliación, mediante la investigación de puntos de vistas diferentes, aceptando términos intermedios en un acuerdo y logrando resolver las brechas del divisionismo que hemos creado.

El comienzo del siglo XXI fue uno que nos llevó incluso a una división mas profunda de nuestra aceptación individual de los escalafones sociales en los cuales, por lo general, estaremos durante el resto de nuestras vidas.

La creación de una sociedad de mercado donde todo está a la venta, incluso la vida humana, y donde el concepto de libertad y democracia han sido encapsulados en la acumulación o engrandecimiento de la riqueza material, han logrado crear mentalidades individualistas, egoístas y defensoras de los logros personales a cualquier precio.

Necesitaremos un enfoque diferente en el futuro en materias tan básicas como el nacionalismo, donde los jóvenes estén dispuestos a sacrificar sus vidas en defensa de la democracia, una bandera, un himno o una ideología, por cuanto el despertar del individualismo, por sobre estos conceptos abstractos, pasara a ser algo de la historia de la antigua civilización.

Nuestra gloriosa vida, con nuestro monstruoso comportamiento, solo puede justificarse dentro de nuestro ignorante y egoísta ego.

Las próximas generaciones, aun serán solo espectadores del pensamiento equivocado que el ser humano, de acuerdo a la cinematografía americana, puede derrotar cualquier desafío, eliminando y matando a otros humanos o extra terrestres, y que realmente estamos capacitados para conquistar todo el universo con un igual comportamiento.

No solo lo expresamos en películas de ciencia ficción, sino que estamos completamente convencidos que con ese comportamiento lo lograremos.

Durante el siglo XX y XXI sin duda que esta forma de pensar nos ha permitido comenzar con la exploración de nuestra galaxia, paralelamente matándonos en guerras innecesarias y batallando con pandemias que nos podrían aniquilar igualmente a todos.

Sin embargo, estamos seguros que saldremos a flote, y que algunos inteligentes ingenieros y científicos, proveerán las soluciones para continuar nuestra marcha hacia la conquista del espacio, por cuanto ya hemos logrado enviar un vehículo hasta el borde mismo de la galaxia para tomar una fotografía de este punto azul insignificante.

Aún no hemos llegado a comprender el verdadero significado de esta fotografía, aunque esto nos indica el real tamaño de nuestra existencia universal, que nos hace prácticamente invisibles a cualquier extraterrestre que desee venir a esclavizarnos,.

Somos insignificantes.

Igualmente, no podemos conceptualizar la fragilidad de esta roca planetaria, diminuta y casi invisible al resto de la galaxia. Aun menos podemos entender como cada uno de nosotros desaparecemos dentro de este pequeño punto azul mirado desde una distancia galaxica, que gira y se desplaza circularmente en un extremo de esta Vía Láctea.

Muy por el contrario.

Nuestras proyecciones de vivencia van hacia el infinito en material espiritual y por sobre los cien o menos años de vida terrenal, los cuales representan en materia espacial, un tiempo insignificante.

Esta cápsula espacial en la que todos viajamos, tiene un espacio, tiempo y energía limitados, en una ruta hacia un callejón sin salida. Sabemos que la estrella que nos da calor y nos mantiene vivos, también tiene una vida limitada, bastante más larga que la nuestra, pero limitada.

Existen más espacios vacíos en el universo y en cada uno de los planetas, estrellas y asteroides, que cristales y sólidos. El mundo físico que conocemos se parece más a un largo túnel hueco, que un elemento sólido impenetrable.

A partir de los átomos de la materia física, los vacíos son más expandidos y ocupan más espacio que los sólidos.

Los científicos actuales han formulado de que existen más de doscientos billones de elementos sólidos flotando en el espacio en la Vía Láctea, y que el universo conocido actual cuenta con otros doscientos billones de galaxias como la que cohabitamos. La ley de las probabilidades nos indica, que en este basto universo del cual ahora tenemos conocimiento, la probabilidad de otras inteligencias similares a las nuestras, aunque no con la misma forma física, son amplias.

También nos han anunciado que la galaxia Andromeda está en ruta hacia un choque con nuestra Vía Láctea, pero estos cursos de colisión serán más bien como una armoniosa mezcla de elementos sólidos debido a la gran cantidad de espacios vacíos en ambas galaxias.

Con ello duplicaremos la cantidad de cuerpos flotantes dentro del sistema solar lo que podría dar formación a otro planeta con las mismas características de la tierra.

Mientras tanto debemos establecer ciertos parámetros inteligentes para no destruirnos, por cuanto hasta el momento ya sea por política, Dios, religion o fanatismo, tenemos la mitad del planeta convertido en un verdadero circo romano.

En estos difíciles momentos de caos es importante instruirnos mas acerca de Dios, política, religion y el fanatismo que nos lleva a matarnos en nombre de tan espigada y digna figura.

Porque lideres como Vladimir Putin, se han respaldado, en esta ocasión, con la iglesia rusa ortodoxa, involucrado a Dios como su guiador de la masacre de civiles Ucranianos y la justificación de la muerte de sus propios soldados rusos.

A principios de este siglo fue George W Bush quien involucro a Dios para masacrar a los musulmanes terroristas y llevar a una digna muerte, con tan santificado respaldo, a miles de soldados americanos.

El fanatismo religioso que conmociona al nuevo milenio es el capitulo más reciente de una historia iniciada mucho tiempo atrás. La humanidad ya lleva trece siglos de guerras santas.

Por ellas se han enfrentado cristianos contra musulmanes, judios contra árabes, sunitas contra chiitas, católicos contra protestantes, y ahora ortodoxos rusos contra ortodoxos ucranianos.

¿Por qué los hombres emprenden guerras en nombre de Dios?

Por un lado los lideres utilizan astutamente la religion para repartir el corrosivo poder del resentimiento y esta forma movilizar a las masas populares.

Este sentimiento se ha convertido en una poderosa herramienta política y también comercial, para con gran habilidad, utilizarlo en convertir actos de dudosa moral y ética, en mandatos demagógicos de guerras y actos fascistas de revancha.

Si a este resentimiento le agregamos una cucharita de temor, entonces tenemos la perfecta receta para fomentar el odio dentro de la clase media y baja, creando una comida tóxica, donde el caos comienza a envenenar cualquier sistema democrático.

Desde los primeros jihads del siglo VII y las cruzadas de la Edad Media, hasta las guerras de la Reforma y el terrorismo de los fanáticos religiosos de hoy, existen una multitud de ensayos, entre los que figura el del ensayista Christopher Catherwood, quien en su reciente libro Guerras en nombre de Dios, recorre la inquietante historia de las guerras santas y revela las sutilezas y los complejos detalles que resultan esenciales para educarnos en este tema que sigue dividiendo a la humanidad.

Este nuevo y agudo ensayo analiza el pasado que ha forjado nuestro violento presente y la siniestra conexión entre poder, religión y guerra.

Si realmente deseamos practicar tolerancia y respeto por nuestras diferencias y desigualdades, este es un buen comienzo para comenzar a entender la manipulación de los lideres políticos y religiosos, que utilizan la divinidad del Mas Alla, para emocionalmente guiarnos a odiar y matar a totales desconocidos, en nombre de una Divinidad que, de existir y gobernar nuestras acciones para otorgarnos acceso al Paraíso eterno, se nos revela como un Dios discriminatorio y malverso en tal criminal mandato.

Es nuestro deber el dudar de este tipo de manipulaciones, para por lo menos lograr tener una cierta calidad de vida, que nos permita al fin de nuestra corta ruta por este planeta, decir con total honradez, que he conducido mi camión satisfactoriamente con mi carga social por la buena ruta, y me siento totalmente feliz de haber tenido la oportunidad que mis padres me dieron, de disfrutar este hermoso paraíso en el confín del universo.

Mi camión del siglo XXI

¿Qué tipo de camión es el que debo conducir durante el siglo XXI? ¿Qué clase de ruedas deberá tener mi camión de aquí en adelante para que este se deslice armoniosamente en lo que me queda de viaje hacia mi ruta final?

¿Será mi camión uno con ruedas desinfladas o uno de esos transformadores como los juguetes de mi nieto, que pueden cambiar de forma de acuerdo a las circunstancias del juego?

Los humanos somos desiguales y ello es lo que hasta ahora nos ha convertido en una sociedad dividida, pero avanzada, en la cual nos desenvolvemos.

Nadie posee todas las características o el conocimiento absoluto de una perfección en las creaciones humanas, para realizar trabajos que obtengan siempre resultados exitosos.

Todos somos débiles o fuertes, torpes o hábiles de distintas maneras, y por ello cada uno de nosotros nos complementamos, utilizando diferentes formas de pensar y racionalizar soluciones a problemas diarios, con los cuales nos enfrentamos.

Para que un grupo humano, ya sea de científicos, filósofos, educadores, gobernantes, amigos, compañeros de colegio o sencillamente familiares, tenga éxito en la resolución diaria de problemas, es esencial que reconozcamos individualmente nuestras debilidades y fortalezas, para que el grupo en el cual estamos actuando, tenga éxito en sus resoluciones.

Hemos estado analizando alegóricamente como el camión que yo conduzco debe tener ciertas ruedas esenciales y un acoplado importante para llevar mi carga social con éxito hasta el final de mi ruta.

Nuestras diferencias y desigualdades las hemos ido moldeando a través de la historia humana, mediante el desarrollo de ideas que se han materializado en estructuras, normas e instituciones destinada a equilibrar estas diversas características típicas a un grupo o sociedad.

Cada uno de nosotros como individuos somos participes de diferentes grupos, en una sociedad en la cual vivimos a diario regulados y organizados por normas e instituciones.

Para que el orden social sea calificado como democrático, debemos poder participar como libre miembro de un estado, que se rige por un derecho propio y que es periódicamente legitimado por cada uno de nosotros.

En el siglo XXI la idea de democracia vive en el pensamiento, más que en la real existencia de una completa democracia de tipo liberal.

Centrada en la división y el límite del poder, esta democracia de corte liberal se ha venido desarrollado a partir del siglo XVIII.

La libertad del individuo de acuerdo con lo que hemos dicho, pasa a ser el valor central de cómo debe operar la sociedad moderna.

Sin embargo, hasta lo que va del siglo XXI, hemos visto que esta libertad necesaria para hacer prevalecer su idea central, es una alegoría dentro de la realidad humana, por cuanto las normas e instituciones de los países que se vanaglorian de ser democráticos, han sido manejadas en una forma carente de ética y moral.

Este es un comportamiento irresponsable de lideres ignorantes, quienes solo aspiran al poder sin importarles las consecuencias directas, que sus acciones tendrán sobre sus propios afiliados o en sus familiares inmediatos. Es una carencia de empatía y cinismo para enfrentar sus propias egocéntricas ambiciones.

En el contexto actual de la democracia liberal, que debe estar íntimamente relacionada con la participación y el ejercicio de los derechos individuales, protegidos de la arbitrariedad del poder gubernamental, empresarial o religioso, actualmente no representan una autonomía personal, permitiendo que el individuo sean anulado o absorbido por estas instituciones y sus normas, así como también por los poderes económicos de empresas y corporaciones.

Esto es campo fértil, para que los fabricantes de una propaganda estratégica, distorsionen, manipulen y financien formas para establecer sus mandatos, basado en una ignorancia monumental, que es manejada gratuitamente por la tecnología moderna.

Solo a comienzos del siglo XXI, por la apertura informativa de la nueva explosión tecnológica, hemos podido vislumbrar una pequeña ventana de la realidad, en la cual el planeta dividido funciona, y los abusos por las manipulaciones de los poderes gubernamentales, económicos y religiosos que han estado dictaminando el comportamiento de las masas populares.

Esto está llevando a un completo revisionismo en los comportamientos institucionales, los cuales deben estar para proteger verdaderamente el derecho social de los individuos.

Cada miembro de estos grupos, deben contar con la libertad para expresar sus descontentos en la interpretación arbitraria de normas, por aquellos individuos en cargos de poder, sin ser reprimidos por la corrupción o violencia, disfrazada como la proveedora de una mejor calidad de vida.

La democracia liberal del siglo XXI deberá continuar en la búsqueda de este perfecto balance mediante la división y límite de los poderes con una fiscalización independiente de poderes económicos o religiosos.

La comunidad debe beneficiarse por la convivencia pacífica de la sociedad, donde los lideres políticos, económicos y religiosos deben rendir cuentas publicas, sin contar con la protección o los accesorios para desmontar las verdades científicas o los comportamientos sociales, necesarios en el engrandecimiento de la calidad de vida individual.

A partir del 2000 ha habido un despertar en el interés por el desarrollo de una moral y ética socioeconómica e institucional, de todos los ciudadanos de este planeta, en todos los niveles.

La participación de individuos dueños de los grandes capitales, en el manejo por corporaciones de los gobiernos, ha llegado a ser un tema central de la reflexión sobre lo político y las elecciones de personas comprometidas por aportes de los oligarcas a sus elecciones, quienes buscan mantener el poder económico sobre el resto de las clases sociales inferiores.

Las leyes como instrumento único de un estado democrático, no solo han de cumplirse en periodos de normalidad. También deben ordenar el ejercicio del poder en los momentos de crisis, que alteran la normalidad de la convivencia, y que hacen necesaria la aplicación de medidas excepcionales.

Nuestro comportamiento humano muchas veces es contradictorio con la manera de como interpretamos lo que es democracia y actuamos en contra de ella misma.

En momentos de desacuerdos entre grupos y familiares, quienes no encuentran un campo de compromiso neutral, se fuerzan aplicaciones a excepciones que confirman una regla, y en muchas ocasiones, esta imposición se convierte en que la excepción pasa a ser la nueva norma.

Si esto ocurre en forma habitual, la democracia, en la cual un pequeño porcentaje de la población mundial vive, pasa a convertirse en un fantasma dictatorial y corre el peligro de su total destrucción y desaparición.

Ahora bien. La pregunta siguiente en el buen rodaje de mi camion es: ¿Cómo logro fortalecer la presión de mis distintas ruedas durante el resto del siglo XXI?

Por mucho que las autoridades científicas y políticas hayan exitosamente logrado durante dos años combatir una pandemia mortal, logrando detener la contaminación para regresar a una vida normal, (considerada por los países ricos como normal antes del 2018), esto no sucederá.

La pandemia del 2019, que globalmente mato en doce meses a más de un millón de humanos, nos trajo las realidades de como el planeta no estaba preparado para enfrentar ataques biológicos que pueden matarnos a todos.

Aun después de casi dos años del inicio de la contaminación, existen diferentes teorías sobre las posibles causas en la aparición de un virus con tal potencia y mortalidad para la cual no existían defensas medicas.

Se sabía que el virus inicialmente había aparecido en Wuhan, China. Pero los lideres del gobierno de ese país no estaban dispuestos a reconocer o realizar una investigación totalmente científica para comprobar su origen.

La razón era que existía una posibilidad que el virus hubiese sido fabricado por científicos en un laboratorio experimental, en lugar de haberse trasmitido de animales a humanos, lo cual crearía una inmediata reacción mundial de culpabilidad y constrictiva contra el país culpable.

La Organización Mundial de la Salud organizó un comité de científicos para realizar dicha investigación, quienes fueron inicialmente rechazados por el gobierno chino para su ingreso a Wuhan, pero que una vez solucionado los impases debido a la presión internacional, fueron limitados en sus estudios y solo entregaron una versión neutralizada y sin valor científico en lo relativo a sus descubrimientos.

Los altos impactos mortales, financieros y sicológicos mundiales causados por esta pandemia, trajeron consigo una fenomenal carga social de culpabilidad, capaz de desmoronar los avances económicos de China a partir del siglo XX.

A continuación, comenzó la carrera científica para encontrar el remedio y la vacuna para detener la contaminación.

En un corto tiempo, realmente sorprendente en términos científicos, y con la gran ayuda tecnológica que facilito un real esfuerzo comunitario mundial de investigación, se logró fabricar y probar con resultados positivos, al menos tres tipos diferentes de vacunas, con las cuales comenzar a proteger la población mundial.

Pero para ganar la batalla y detener la contaminación había dos grandes barreras que salvar: una logística y otra política.

Con ello nuevamente se levantaron las murallas divisionistas del planeta, produciendo una ignorancia estratégica, en lo relativo a la forma de detener la contaminación y la producción de sus vacunas.

En lugar de aplicar la misma técnica de los científicos mundiales de compartir información verdadera para solucionar en un corto plazo el dilema creado por el virus, los políticos movieron la maquinaria de propaganda destinada a probar, que un tipo de vacuna de un país era mejor que la de otro.

China rehuso en compartir los datos clínicos de prueba de su vacuna, y logro vender a los países tercer mundista un total de 70 millones de dosis. 60 países incluyendo Brasil, las Filipinas e Indonesia, aprobaron el uso de la vacuna China, la cual debía ser inoculada en dos dosis.

A través de las redes sociales y los medios comunicativos, a las diarias cifras de contagios y mortalidad, se agregaron los números de personas vacunadas por país.

Entretanto Rusia, Europa y Estados Unidos comenzaron a producir sus propias vacunas destinadas al resto de la población mundial.

Cuando los políticos tomaron el mando sobre la distribución de vacunas, los problemas de logística surgieron en la fabricación y distribución de las dosis, provocando un sistema selectivo por los países fabricantes, en quienes serian vacunados en primera instancia y quienes debían esperar en línea.

Todo el planeta ahora tenía los ojos puestos, en cuando y como se podría regresar a la "normalidad", es decir a las luchas y rivalidades anteriores a la pandemia del 2019.

Luego de haber sobrevivido dos años de aislamiento, cierres de la industria del entretenimiento, destitución de salud paliativa de otras enfermedades mortales, solo se anhelaba volver al circo de antes.

Gracias a los valientes esfuerzos de científicos y trabajadores de la salud mundial, paralelamente con los fabricantes y distribuidores de vacunas, se comenzó a vislumbrar la luz al final del túnel del caos sanitario.

El cierre de todo tipo de actividades comerciales y servicios con contacto humano, cambió durante el 2020, cuando más de la mitad del planeta comenzó a trabajar en forma remota desde sus hogares, utilizando los avances de la tecnología.

Por otro lado, el divisionismo se hizo mas profundo, debido a la elección de los primeros vacunados, y a quienes debían cumplir con las normas sanitarias implantadas por cada gobierno en cuanto a viajes, uso de máscaras protectoras, distanciamientos y número de participantes máximos obligatorios en reuniones de trabajo, lugares comerciales y celebraciones familiares.

A nivel familiar se produjo un quiebre emocional por el distanciamiento necesario entre adultos mayores, hijos y nietos. Los jóvenes en edades escolares y universitarias debieron aislarse para evitar contagios, lo que produjo un incremento en enfermedades mentales, ansiedad y depresión.

Todo esto contribuyo a que los medios informativos identificaran este periodo, como el enfrentamiento global más desastroso con la soledad y el aislamiento.

Hasta este momento estábamos condicionados, para en grupo enfrentarnos y matarnos en guerras por causas sin razón, pero no a contaminar a nuestros abuelos o padres y verlos morir en la forma más dolorosa, sin ninguna posibilidad de salvarlos, y todo por causa de nuestra propia negligencia e ignorancia.

Los gobiernos de todo el mundo tuvieron que comenzar a imprimir dinero para establecer programas de ayuda a los pequeños comerciantes, quienes fueron los primeros en sufrir impactos económicos por los cierres obligatorios en sus negocios.

Definitivamente la pandemia cambió el estilo de convivencia.

Es imposible pensar que en el resto del siglo XXI volveremos a ser "normales", cualquiera sea el significado con el cual definir esta normalidad.

Lo que si estamos seguros, es que ahora realmente conocemos la brecha de la inmensa polarización que existe dentro de este planeta, y que su solución sanitaria debe ser enfrentada en forma global e inteligente, sin elevar barreras nacionalistas o regionalistas, sean estas políticas, económicas, religiosas o guiadas por confabulaciones sin asidero científico.

Cuando se trate de enfrentarnos con los nuevos ataques bacteriológicos, que se aceleraran debido a nuestra propia negligencia, deberemos tener presente como tratamos el medio ambiente, el cual en un muy corto plazo nos puede matar a todos.

La parte positiva de este periodo de confusión existencial y social, ha sido un revisionismo total, al diario enfrentamiento de nuestras vidas, así mismo como a los sistemas operativos, y por ende, a los poderes políticos y económicos.

La era de la post verdad

Si el siglo XX fue un despliegue de maldad, el siglo XXI comenzó siendo un despliegue de inmoral corrupción fomentada por los fabricantes de la ignorancia estratégica, pero esta vez siendo descubiertos gracias a la tecnología, que de pronto se expandió por el planeta en una forma inesperada y desregularizada.

Esto no duraría mucho tiempo.

A principios de este siglo las redes sociales del Internet comenzaron a publicar abiertas declaraciones de las víctimas de los innumerables abusos a todo nivel, por todas las instituciones intermedias, que hasta ese entonces eran consideradas los templos protectores de la ética y moralidad.

Desde las instituciones gubernamentales a las religiosas, las corporaciones y los mercados bursátiles, pasando por todas las gamas del deporte profesional y la entretención, uno a uno sus dirigentes y practicantes, fueron desenmascarados en actos corruptos y violaciones sexuales.

La negligencia de actuar en forma inmediata y judicialmente en el debido ámbito a estos actos delictivos, dio paso a un renacimiento en la exposición de dichos abusos de poder a todo nivel, en todos los rincones del mundo.

Esta correcta o incorrecta, pero abundante y descriptiva información de hechos en las diversas instituciones, culminó cuando los dueños de las redes sociales fueron llamados al orden por el congreso americano, para testificar como inescrupulosos individuos estaban utilizando la tecnología, para entregar desinformación, en términos comunes, conocido como difamación de mentiras.

Esto nos trajo la nueva era de la post verdad, o de la mentira institucionalizada a todo nivel y en todas las direcciones posibles.

A comienzos de este siglo todos los escalafones sociales tenían acceso a la tecnología, que les permitía difundir a todo el planeta, sus interpretaciones de los distintos hechos mundiales, no necesariamente verdaderos, muchos de ellos fabricados para provocar mayores temores y divisiones sociales en el planeta.

Los tradicionales medios de comunicación como periódicos, radios y canales de televisión, no pudieron competir con el alto volumen de información instantánea, así como tampoco confirmar su veracidad o falsedad.

La culminación de este mal uso de la tecnología llego a invadir la venerada Casa Blanca del gobierno de Estados Unidos.

Esta mansión del máximo poder político en el planeta, que había sido elevada hasta ese entonces al estatus de protectora de la democracia, la libertad y la justicia igualitaria, por su moral y ética en la postura de las verdades, fue derribada de su pedestal por un líder presidencial, quien destruyo en materia de días la credibilidad de tal noble institución.

El desborde de mentiras hilvanadas y distribuidas desde la Casa Blanca por las redes sociales del internet, por el entonces presidente de los Estados Unidos, movilizo a una cantidad de creyentes en las mentiras sobre un fraude electoral, movilizándolos a invadir la Casa de Representantes, en el momento que confirmaban la elección de un nuevo presidente.

Dichos manifestantes dieron muerte a personal de seguridad, obligando a senadores y representantes máximos del gobierno americano, sin distinción de partido político, a resguardarse y esconderse para no convertirse en víctimas de sus asaltantes.

Fue así como los dueños de las redes sociales más importantes del planeta comenzaron en su propia forma, a establecer reglas y regulaciones en la distribución de este tsunami informativo distorsionado de la realidad, a través de estos medios.

Esto desenmascaro otro problema ético y moral: el uso acumulativo de datos personales de los usuarios mundiales, por un número reducido de dueños de estas redes sociales.

El Valle de Silicona en California, Estados Unidos, donde están principalmente las oficinas y residencias de estos escasos nuevos dueños de la nueva ética y moral de la información mundial, son los dueños de extensas bases de datos, con información privada de los billones de usuarios, para su venta con fines comerciales.

Cada gobierno se movilizo para formalizar medidas fiscalizadoras en el acceso y libre distribución informativa de datos personales por los dueños de estas redes sociales.

En la parte económica, las macroeconomías mundiales de los países ricos comenzaron a ser las nuevas víctimas de la tecnología moderna.

Sin ningún aviso previo, en el 2010 dentro de las redes sociales, se expandió un nuevo sistema monetario denominado la criptomoneda, creada por un total desconocido, quien se identificó inicialmente como un oriental con el nombre de Satoshi Nakamoto.

La primera edición de esta virtual moneda vendió un total de $50 billones de dólares en algo que bautizo como Bitcoin.

Este misterioso personaje, como principal protagonista de una novela de intriga internacional, tuvo la inteligencia de ocultar su identidad en tal forma, que cuando todas las organizaciones gubernamentales de espionaje intentaron ubicarlo, desapareció sin dejar rastro sobre su identidad.

Nakamoto intuitivamente sabia el riesgo que corría en crear esta herramienta que traería un problema logístico al sistema monetario mundial, con tal impacto, que todos los gobiernos industrializados iban a buscar la forma de eliminarlo de las redes sociales y de sus transacciones en el internet.

El 26 de abril del 2011 Satoshi Nakamoto envió su último comunicado vía correo electrónico a los desarrolladores informáticos, indicándoles escuetamente que él se había movido a desarrollar otros proyectos computacionales.

Los bancos centrales de los países industrializados, optaron por no reaccionar de inmediato a esta nueva moneda, que se introdujo sin ningún propietario central, y con la oportunidad para cualquier individuo en crear y distribuir a todo el planeta, su propia moneda, con un valor determinado por la simple ley de oferta y demanda virtual, y sin ninguna regulación gubernamental.

Para el 2018, Bitcoin se estaba transando virtualmente a un valor de 4900 por ciento de su inicial introducción al libre mercado de compra y venta del internet.

Para el 2021, desde el mismo Valle de Silicona, ya se había establecido un mercado bursátil de criptomonedas, dándole cierta legitimidad al intercambio de valores con la utilización de una docena de estas criptomonedas, que de pronto aparecieron en las redes sociales en todo el mundo.

Con ello se estableció un paralelo sistema monetario, el cual a partir del 2021 fue fortalecido por la incorporación a las actividades financieras, por distintas empresas multinacionales, incluyendo el nuevo fabricante de vehículos eléctricos Tesla, quien decidió aceptarla como una forma de pago en la compra y venta de sus automóviles.

El valor de un Bitcoin sobrepaso los 50 mil dólares americanos, pero dos de las bolsas mayores de criptomonedas en Turquía, sin previo aviso, detuvieron sus operaciones.

Thodex y Vebitcoin dejaron de operar cuando el gobierno de Turquía, a través de su banco central, prohibió el uso de criptomonedas como medio de pago y las transferencias de dinero a plataformas que las transaran.

Hasta el momento las criptomonedas han servido principalmente, como un vehículo de especulación en los mercados bursátiles y por algunos fondos mutuos, que en el

2018 habían comprado un total de 300 billones de dólares, de los cuales 134 billones estaban invertidos en Bitcoin.

Sin embargo, mientras estas criptomonedas no sean aceptadas por los bancos centrales, incorporados a las Bolsas Bursátiles establecidas y existan bancos comerciales donde se puedan depositar en cuentas seguras de ataques digitales, es improbable que estas se conviertan en un medio de intercambio mercantil mundial.

Mas bien continuara siendo un sistema altamente especulativo, que puede desintegrarse en cualquier instante.

Tanto el Banco Central de Canadá como la Reserva Federal Americana fueron los primeros en declarar en el 2020, que la criptomoneda no era una moneda, así tampoco como un real sustituto monetario.

Pero bajo ese mismo predicamento, cuando Richard Nixon, como presidente de Estados Unidos, le saco arbitrariamente el respaldo de oro a la moneda norteamericana en el siglo pasado, transformado el dólar americano en papel solo con respaldado por la Reserva Federal del gobierno americano: ¿no era esta una forma de crear una moneda tan virtual como la Bitcoin?

Similar caso fue el de la empresa Amazon, que revoluciono a través del Internet de manera digital, la forma de comprar cualquier producto con distribución a los hogares, que sumado a la pandemia con los cierres de almacenes comerciales, llevo a la bancarrota a grandes cadenas comerciales como Sears.

¿Podría Bitcoin de igual forma hacer desaparecer a las bancas centrales de los gobiernos?

Los banqueros mundiales comenzaron a partir del 2018 frenéticamente a trabajar en el Proyecto Jasper, donde un sistema bancario mundial central respaldaría una moneda digital, que por el momento se la ha bautizado como CADcoin.

De pronto, cientos de compañías utilizando la nueva codificación de Blockchain, se involucraron en la creación de

Bitcoin, que de acuerdo con su creador o creadores, podría llegar a un tope de 21 millones.

Aún está por definirse el uso de las criptomonedas como forma de transacción comercial a niveles de consumo, lo que mantiene un riesgo alto para los especuladores a futuro.

La nueva codificación Blockchain fue introducida en forma experimental en el 2019 por las bancas centrales, para crear un sistema global que facilitase el movimiento monetario internacional.

Pero finalmente, son los usuarios de Internet, quienes mundialmente están definiendo en el siglo XXI la nueva economía, y empujando a la banca establecida a una nueva definición, en como utilizamos el dinero para nuestras transacciones diarias.

Sabemos que economías inflacionarias reguladas por políticos y los intereses de los bancos centrales, pero no fuera de control, son conductivas a economías expansionistas.

Estas son menos peligrosas que las actividades deflacionarias producidas por los gobiernos de países ricos, cuando entran a controlar un mercado mundial con marcadas desigualdades de comercio internacional sobre la de los países pobres, en las leyes de oferta y demanda.

En la suma y la resta, como aldea global, estamos condicionados a continuar creando fiscalizaciones burocráticas, las cuales solo mediante la imposición por los poderes existentes, cuentan con vigencia en el futuro, y cuyos fracasos ocasionados por los errores de hoy, se convierten en la historia del pasado,.

Mientras el internet no sea amordazado, en la misma forma como fueron los medios de comunicación tradicionales durante los siglos pasados, sirviendo para la manipulación de la información por los poderes políticos y económicos del momento, cada individuo tendrá una poderosa herramienta comunicativa para exponer los abusos de determinados grupos.

Nuestro camión del siglo XXI continuara viajando por las carreteras del capitalismo liberal, que a partir del siglo XIII se han venido construyendo.

Esta ruta no es algo construido hace un par de siglos, sino que es un intrínseco camino, que ha ido evolucionado a medida que nos hemos dado cuenta, que no se pueden mantener en forma permanente, distintos sistemas de esclavitud económica. El capitalismo liberal moderno ha pasado por diferentes etapas en su construcción y continuara siendo modificado.

Si en un principio el sistema abrió las puertas, para que los esclavos en lugar de trabajar por comida y hospedaje, se les comenzara a pagar salarios (sueldos) con los cuales comprar libremente sus alimentos y viviendas, en la era moderna esto ha adquirido un nuevo formato a través de las tarjetas de crédito.

El sistema de como adquirir riqueza ha continuado evolucionando a través de la historia, hasta convertirse en un complejo instrumento económico, donde los medios de producción, en manos de privados, son los proveedores a un enorme mercado de consumo, creando una fuente de capital que promueve la riqueza.

A pesar que este sistema económico ha sido revisado y discutido por políticos, sociólogos y economistas en sus ventajas y debilidades, con todo tipo de teorías sobre el abuso de poder que se origina a partir de la idea central de crear riqueza solo para los dueños del capital, aun después de ocho siglos desde su creación, no se ha podido construir otro sistema económico que promueva el desarrollo y la ingenuidad humana, para producir las revoluciones industriales y tecnológicas que han traído prosperidad, por lo menos a un numero significativo en el planeta.

Paulatinamente a través de los años, se han creado instituciones reguladoras y legislación destinada a evitar la concentración de la riqueza creada por el capitalismo y los monopolios comerciales en unas pocas manos, y la distribución de las ganancias y riquezas entre todos los participantes de esta clase de economía.

Henry Ford en Estados Unidos, fue el primer capitalista industrial a principios del siglo XX, quien incorporo dentro de su estructura empresarial, un sistema de salarios y compensación a los trabajadores de su empresa automovilística, con la idea que todos los empleados de su compañía tuvieran un salario que les permitiera adquirir los vehículos que su empresa fabricaba. Pero no todas estas políticas empresariales han sido exitosas.

Giovanni Angelli, nieto del fundador de la empresa automovilística italiana Fiat, intento en Italia, durante mediados del siglo XX, mantener la economía de toda la nación, creando fabricas a lo largo del país, y manteniendo una enorme fuerza laboral sindicalizada, que en manos del partido comunista, paralizo la economía italiana mediante huelgas con protesta por aumento de salarios, en una etapa de crisis económica para la industria automovilística.

Angelli se resistió al despido masivo debido a la falta de ventas, y logro financiamientos internacionales y de la banca central italiana, impidiendo la bancarrota de la empresa durante su vida.

Finalmente, esto llevo a esta empresa a una reestructuración, promovida por la incorporación de capital privado inyectado por nuevos accionistas, evitando el desastre económico producido por los sindicatos laborales en sus excesivas demandas.

El balance que debe existir entre la desmedida ganancia de los dueños del capital y los bajos salarios de sus trabajadores, es materia de constante revisión, que debe tener como objetivo el funcionamiento armonioso para que la calidad de vida de las clases medias laborales, no sea menoscabada por la falta de visión social de la clase dirigente.

Tradicionalmente esto se ha convertido en una lucha de poder entre la clase laboral y la dirigente, o entra la izquierda y la derecha política, muchas veces causando el desmoronamiento total de empresas con despidos masivos, sin lograr soluciones que sean aceptables para ambas partes.

Este comportamiento de carácter prehistórico se debe principalmente, a la total falta de confianza que se generó a partir de la revolución industrial entre los trabajadores y los dirigentes empresariales.

La clase laboral piensa que la clase dirigente está mintiendo, en cuanto a las reales ganancias de la empresa, al tanto que la rama ejecutiva tiene como principal objetivo el satisfacer las demandas de los accionistas, las que están por sobre los trabajadores, cuyas demandas pueden llegar a ser excesivas, en relación al mercado laboral existente.

La industria capitalista poderosa de Estados Unidos, fue la que emergió como la innovadora, luego de los dos conflictos bélicos mundiales del siglo XX.

La base industrial europea había sido destruida por los bombardeos, al igual que el de las naciones orientales.

El imperio Japones que se había creado a partir de comienzos del siglo XIX, fue totalmente destruido por dos bombas atómicas americanas durante el termino de la Segunda Guerra Mundial.

A partir del 1950, gradualmente Japón comenzó a reestructurar su industria totalmente destruida, con todas sus empresas estableciendo un compromiso profundo en adquirir mayores responsabilidades sociales.

La idea central de esta nueva forma de crear empresas, era que si los trabajadores física y mentalmente eran sanos, aportarían una mayor contribución al engrandecimiento de la compañía.

Los nuevos empresarios japoneses adoptaron esta nueva estrategia que denominaron Doyukai, creando un documento de 168 páginas denominado *Tratado sobre la democratización de la empresa privada* en la cual se estableció como las industrias japonesas debían ser controladas por los accionistas, los ejecutivos y los trabajadores.

Para el 1970 la industria japonesa de automóviles, electrodoméstico, computadores y fotografía, habían sobrepasado a sus competidores americanos y europeos, en la venta y calidad de sus productos.

Renis Likert, profesor de psicología y sociología de la Universidad de Michigan, Estados Unidos, identifico dentro de la industria norteamericana cuatro sistemas de liderazgo: 1) Autocrático abusivo; 2) Autocrático benevolente; 3) Participativo; y 4) Democrático.

A partir de fines del siglo XX las industrias mundiales exitosas comenzaron a utilizar el sistema participativo y el democrático, pero aun a mediados del siglo XXI existe la gran brecha entre los accionistas, los ejecutivos y los trabajadores.

¿Qué se puede esperar del capitalismo liberal en la segunda parte del siglo XXI?

Si el objetivo global primordial es colonizar Marte en lugar de solucionar los problemas sociales creados por las divisiones de clases en este planeta, el sistema de liderazgo autocrático abusivo y benevolente - tanto en la política como en las empresas - continuara dominando y manteniendo las mismas divisiones de odios, que provocaron los estallidos sociales a comienzo del siglo XXI.

Esto establecerá una colonia humana en esa parte de la galaxia, con idénticas divisiones y problemas sociales a las existentes en la tierra.

Si el objetivo global primordial es la solución a los problemas sociales creados por las divisiones nacionales, regionales y comunitarias, el liderazgo empresarial para el siglo XXI en adelante, tendrá que ser participativo y democrático, tanto en política como en las empresas, creando una equitativa distribución de la ganancia entre accionistas y trabajadores.

Esto demandara una visión de transparencia en la parte económica, con la implementación de proyectos globales en lugar de nacionales o regionalistas, y formación de grupos heterogéneos y participativos, en la solución de problemas mundiales, como lo son las pandemias, los movimientos migratorios, las ayudas económicas a los países pobres y controles climáticos de todo el planeta.

Para lograr estos propósitos, es que cada rueda de nuestro camion individual deberá contar con una función determinante, lograda mediante una mantencion adecuada por parte de cada usuario a través de su propia educación.

En caso de un mal funcionamiento en cualquiera de estas ruedas, a continuación hemos creado una tabla de reparaciones del usuario.

Tabla de reparaciones del usuario

RUEDA	FUNCION	MANTENCION
SALUD	Mantener un cuerpo saludable para tener energía y ser productivo dentro de la sociedad.	Vacunas contra pandemias y prevención de enfermedades. Alimentación adecuada. Programa físico para mantenimiento de energía corporal.
EDUCACION	Conocimientos básicos, intermedios y avanzados. Aprendizaje de dos o más idiomas.	Adquirir conocimientos científicos, tecnológicos, cívicos y promover creatividad con ideas de valor.
DEMOCRACIA	Participación en instituciones que están por sobre el individuo y cuentan con los mecanismos para mantener un orden social.	Elegir lideres con ética y moral, cuestionar individuos corruptos, y exponer abusos de poder.
ECONOMIA	Utilización de habilidades personales en la adquisición de capital, maximizando el tiempo.	Trabajar constantemente en el Currículo Vitae, ampliar la red social y ahorrar para la vejez.

RUEDA	FUNCION	MANTENCION
TECNOLOGIA	Utilización informática, que permita entender el diseño y creación de aplicaciones que facilitan la calidad de vida diaria.	Adquirir conocimientos computacionales, conocer derechos de privacidad, defenderse de ataques virales, confrontar las mentiras en redes sociales.
SOCIAL	Funcionamiento social e integración de la familia, participación comunal y regional.	Aprendizaje de humildad, perdón y tolerancia sobre diferentes puntos de vista, creación de espacios intermedios, conceptos de familia y comunidad.

La igualdad de las desigualdades

Todos los sistemas económicos, desde los tiempos de las primeras agrupaciones humanas, están basados en alguna función de trueque, a la cual le asignamos un valor mediante acuerdos, que en el siglo XXI los denominamos fondos monetarios.

Estos fondos de carácter nacionalista han ido evolucionando, adquiriendo a través de los años, diferentes escalas de valores, basado en una multitud de funciones económicas, las que en conjunto se suman para medir las cifras del producto interior bruto (PIB).

Este es un indicador económico, que refleja el valor monetario de todos los bienes y servicios finales producidos por cada país o región, cuyo valor respalda el financiamiento gubernamental, para mantener los servicios comunitarios que el gobierno puede brindar a cada individuo, dentro de sus confines, en sus políticas sociales.

Todas las asociaciones intermedias, que se han creado entre el individuo y el PIB, han sido diseñadas y construidas por alguna agrupación de humanos, para formar una sociedad con ciertos valores comunes.

En su mayoría, estos están basados en acuerdos escritos, que dan un molde legal solido de resguardo comunitario para facilitar el intercambio de bienes entre individuos, dentro y fuera de lo que hemos definido como gobierno de una nación.

Este modelo central de distribución económica, a través de los años, ha venido adquiriendo distintos matices políticos para su manipulación, en el manejo del valor de este fondo monetario manejado por cada uno de los distintos países.

En la actualidad, se han formado esencialmente dos bien definidos y polarizados sistemas económicos de trueque, que hemos bautizado como capitalismo y comunismo.

En los últimos tres siglos de lucha política por el poder del gobierno en los distintos países entre ambos sistemas, es bien clara la diferencia existente en los resultados económicos del capitalismo versus comunismo, ahora expuestos dentro de un contexto global por la tecnología moderna.

Ello ha dado paso a la formación de diferentes partidos políticos, que se han agrupado alrededor de estas polarizaciones y se han dividido entre lo que conocemos como la derecha liberal-capitalista y la izquierda socialista-comunista.

Cualquier individuo de clase media acomodada dentro de este planeta sabe cuales son las diferencias fundamentales entre estos dos sistemas monetarios.

En los sistemas de gobierno que se consideran democráticamente elegidos por votación popular, el elemento que suele cargar la balanza en la lucha por el poder, entre el derechismo capitalista/liberal hacia el izquierdismo social/comunista, esta íntimamente ligado al número de habitantes con derecho a voto de clase media baja y baja en relación a los de las clases media acomodada o alta.

Esta es una estadística básica en materia política, que ha venido a diferenciar los avances sociales logrados por la clase media en los países ricos industrializado versus los países pobres o tercer mundistas.

El sistema capitalista-liberal triunfa en votaciones democráticas predominantemente en naciones industrializadas, porque dichos gobiernos tienen poder económico basado en la buena, mala o exagerada utilización o explotación, de recursos que les dan ventajas económicas.

Esto les permiten elevar los números de participantes en votaciones dentro de la clase media, los cuales cuentan con una calidad de vida en sus aspectos sociales mejor que la de los países pobres.

Por otro lado, el sistema socialista-comunista triunfa predominantemente en los países tercer mundista, que son desproporcionados entre una clase alta y otra mayoritaria clases media baja y baja.

El individuo que habita en las regiones económicamente ricas, tiene una mejor oportunidad económica, porque la infraestructura de los países industrializados se lo permite.

Estos recursos de las grandes naciones no son solo naturales, sino también tecnológicos, científicos, industriales, y ahora, inmunológicos.

Pero, aquellas personas que diariamente están luchando a nivel de supervivencia en el resto del planeta, en un sistema democrático con infraestructuras débiles o inexistentes, son fácilmente convencidos de cómo mejorar su futuro, con los relatos basados en las ideologías marxista, leninista, trotskista.

Estos relatos están basados en promesas con conceptos utópicos de igualdad, los cuales pasan a ser solo promesas en lugar de una realidad económica, y están dirigidos para impresionar al grueso de la clase baja, y no necesariamente para ser exitosos en su implementación, una vez puestos en práctica durante gobiernos izquierdistas.

Si a diario yo despierto con el estómago vacío, con enfermedades que me van a matar, sin solución médica, sin dinero para poder pagar mi tarjeta de crédito y satisfacer las necesidades básicas propias y de mi familia, utilizando como único recurso mi limitada capacidad física y mental para robarle a aquel que le sobra, la diferencia para mi entre una opción por un sistema liberal-capitalista, que solo mejorara a la clase acomodada existente a la cual no perteneceré de por vida, o la comunista-socialista que promete moverme a esa clase instantáneamente con o sin esfuerzo, son mas claras que el agua potable para beber que tampoco tengo.

Esta realidad ha creado un resentimiento social en aumento, que esta lejos de lograr alcanzar la meta destinada a igualar las diferencias económicas y que es hábilmente utilizada por los partidos de izquierda para defender los estallidos sociales.

El gran dilema del siglo XXI, es que dicha diferencia económica ha aumentado en todo el planeta.

Las demostraciones callejeras por el desnivel económico existente, se han transformado en estallidos vandálicos de rabia, creando una distorsión entre justicia económica y protectora de todos los individuos, por un violento ataque a las instituciones creadas para resguardar la justicia, los derechos civiles, la seguridad y el bienestar social.

De cualquier forma, estos resentimientos sociales han comenzado a marcar el final de la era derechista-capitalista o de un largo periodo económico dirigido por la clase aristócrata-elitista, destinada a proteger inicialmente a los dueños de los grandes capitales que, a pesar de ser una minoría absoluta en el planeta, han logrado hasta comienzos del siglo XXI dominar democrática o bélicamente, los fondos monetarios y por ende las economías mundiales.

Como lo hemos venido aclarando a través de estas páginas, nuestra sociedad dividida esta entre los que tienen y los que no tienen.

El populismo izquierdista va a ganar en los países tercer mundistas por votación o por la violencia callejera. mientras los económicamente pobres cuadrupliquen el numero de la minoría de los acomodados y ricos.

Esta es una realidad brutal que se impone en todos los rincones de este planeta, cualquiera sea la postura política por el mejor resultado socio-económico, ya sea a través de cambios constitucionales, para mejorar la distribución de la riqueza, o falsas promesas económicas de mejoras sociales, en elecciones democráticas.

Estados Unidos, a partir de la votación presidencial del 2019, fue violentamente impactado por esta nueva tendencia de carácter mundial.

El conocido en primera instancia como partido demócrata, representante del pueblo americano, triunfó sobre el partido republicano, representante de su elitista y minoritaria clase aristocrática-capitalista y blanca supremacista.

Esto se originó debido al completo apoyo electoral por las clases medias y bajas al partido demócrata representadas en su gran mayoría por los grupos sociales vulnerables constituidos por los afroamericanos, los latinos y los sindicatos laborales.

En el principal país capitalista del mundo el grupo mayoritario de las clases media y baja, han venido sufriendo un continuo deterioro económico, en relación con las desmedidas ganancias logradas por los elitistas capitalistas.

Sumado a esto, está la enorme mortalidad experimentada por la ineficiente forma como los republicanos enfrentaron la pandemia del COVID-19 durante el 2020 y 2021.

En dos años de elecciones democráticas, el partido republicano en Estados Unidos perdió a principios del siglo XXI la representación parlamentaria en las dos cámaras legislativas y la presidencia, convirtiéndose en la minoría gobernante.

Pero esto no detuvo a la minoría elitista capitalista americana para inmediatamente declarar un fraude electoral, nombrar un juez en la Corte Suprema para mantener su control judicial, y modificar el sistema electoral en aquellos Estados donde perdieron, limitando la votación de las mayoritarias clases de afroamericanos y latinos en futuras elecciones.

En el gran territorio de los hombres libres y valientes, como lo dice su himno nacional, la manipulación de la democracia por un grupo minoritario, ha demostrado a través de su historia, que estas palabras que cantan todos fervientemente, son solo un espejismo ilusionado sin validez política.

¿Será este el verdadero motivo de un sistema arreglado, que está provocando la autodestrucción global de los sistemas democráticos de gobierno con economías capitalistas?

¿Es la democracia y el capitalismo un espejismo creado por la clase elitista aristocrática e impuestos con violencia por la minoría fascista y blanca supremacista para mantener el poder económico y la esclavitud de la mayoritaria clase media y baja?

¿Como se puede reformar algo que es inmoral en la implementación debido a tergiversaciones de individuos sin escrúpulos y egoístas, con apetitos insaciables por un continuo crecimiento de sus capitales?

Los gobiernos democráticos no están formados para ser una solución para todos los problemas de cada individuo. Pero deben ser los buenos administradores en la recolección de impuestos proporcionales, de acuerdo a los ingresos de cada persona, y utilizar con dicho financiamiento, la entrega de todos los servicios de ayuda social que deben proteger a todos por igual.

La frustración y la rabia de la gran mayoría, que han sido marginados de los beneficios de un capitalismo basado en una meritocracia individual discriminante, han ido en aumento dentro del planeta, para continuar creando diversos focos de violencia y saqueo.

La nueva tecnología, que se ha convertido en otra herramienta de creación para profundizar la división social, contiene un draconiano elemento de manipulación que es comercializada por sus dueños, con los algoritmos que extraen las opiniones codificadas de sus usuarios.

Este es otro elemento propulsor de la global violencia callejera.

De acuerdo con Robert Reich, secretario del Trabajo en el siglo pasado bajo la administración de Bill Clinton en Estados Unidos, ha manifestado que existe una gran masa de individuos creando manifestaciones donde nadie los escucha.

Mientras el capitalismo sea una sociedad sorda de unos pocos ganadores y una gran mayoría abandonada a su diaria lucha de supervivencia, la democracia y el capitalismo en su forma presente a comienzos del siglo XXI están destinadas a desaparecer.

Durante el siglo XX, el capitalismo y la democracia, parecieron ser los salvadores sobre un sistema comunista, que con una violenta revolución en la Rusia imperialista, había terminado con la explotación de las clases bajas por la dinastía de los Romanov, para instaurar una dictadura del proletariado con una economía comunitaria destinada a proteger a la clase media y baja.

De acuerdo a Reich, llevándonos de regreso a ese momento a mediados del siglo veinte, cuando la economía capitalista de Estados Unidos demostró generar, al menos dentro de sus fronteras, trabajo para todos, sueldos crecientes, industrias sólidas y una clase media que podía darle a sus hijos una mejor calidad de vida que la que habían tenido sus padres, el capitalismo estaba demostrando ser realmente un sistema para mejorar toda la sociedad, y más humano para los libres y valientes, que el comunismo impuesto por la violencia de Stalin y sus sucesores bolcheviques, sin libertad y una gran esclavitud de la clase media y baja.

Este periodo de gran auge económico culmino con los humanos viajando a la luna, creando comunicación satelital para todo el planeta, construyendo un sistema inalámbrico de comunicación y dando acceso con esta increíble herramienta del Internet, que a través de telefonía celular, conecto a millones de humanos en todo el planeta.

A principios del siglo XXI el capitalismo sufrió su primer gran traspié cuando el terrorismo internacional, penetro en sus mismas bases, destruyendo las torres gemelas en Nueva York, sede de la bolsa mercantil más grande del mundo.

Por otro lado, el gran auge económico de fines del siglo XX y el conflicto bélico de Vietnam, introdujo en el principal país capitalista, el consumo masivo de drogas y la expansión de los carteles narco traficantes, con el incremento de la delincuencia y violencia por el control de los territorios de distribución de drogas, principalmente el de la cocaína.

Desde el 2009 al 2018 el consumo de drogas mundialmente aumento en un 30 por ciento. Durante el 2018 alrededor 269 millones de personas usaron drogas en todo el mundo. Esta cifra es equivalente al 90 por ciento de la población total de Estados Unidos. En el 2015 medio millón de individuos fallecieron por efectos de una sobre dosis. De esta mortalidad 167,750 fueron drogadictos, en su mayoría utilizando sobre dosis de opios.

Para el 2018 más de 35 millones de personas necesitaron ayuda médica debido a trastornos por el uso de drogas, de acuerdo con el más reciente Informe Mundial sobre las Drogas, de la Oficina de las Naciones Unidas contra la Droga y el Delito (UNODC, por sus siglas en ingles).

En el 2020 la pandemia mundial del COVID-19 impacto a los mercados de drogas ilícitas debido a las restricciones fronterizas, cuarentenas regionales y de otro tipo vinculadas con la pandemia, las cuales provocaron escasez en la distribución de drogas en las calles, lo cual incremento los precios y redujo la pureza de estas.

El aumento en el desempleo y la disminución de oportunidades causadas por la pandemia, afectaron de manera desproporcionada a los pobres, quienes pasaron a ser víctimas inmediatas del coronavirus.

"Los grupos marginados y en situación de vulnerabilidad, jóvenes, mujeres y personas en situación de pobreza continuan pagando el precio por el problema global de las drogas. La crisis por el COVID-19 y la recesión económica amenazan con agravar los efectos de las drogas en un momento en que nuestros sistemas sanitarios han sido llevados al límite y nuestras sociedades están luchando para hacer frente a esto", afirmó la directora ejecutiva de la UNODC, Ghada Waly durante la conferencia mundial del 2020.

La tormenta perfecta para los riesgos de una destrucción del planeta están siendo ocasionados durante el siglo XXI por el narcotráfico; las pandemias cada vez más poderosas, que han detenido la actividad económica del planeta; los cambios climáticos, por el excesivo uso de hidrocarburos; y el desmoronamiento institucional del capitalismo, debido a la corrupción y el abuso del poder.

Para comenzar a solucionar todos estos críticos problemas humanos, debemos comenzar, a nivel de individuo, por reconocer como aceptar el gran pluralismo de nuestra sociedad dividida, que en el pasado ha funcionado por la imposición de un poder económico aristocrático o monárquico, basado en la violencia, en lugar de la razón.

No es solo el capitalismo y comunismo que nos divide económicamente como sociedad, lo que nos agrupa sectariamente al extremo de crear enfrentamientos dentro de una misma familia.

El pluralismo de la sociedad moderna esta siendo manejado por un profundo adoctrinamiento cultural y religioso, en el cual los individuos son encasillados desde su nacimiento.

Los conceptos religiosos determinan el estilo de vida a seguir, la percepción del mundo que nos rodea, y la forma en que nos relacionaremos con otros humanos.

Las incógnitas, como seres vivientes dentro de nuestros grandes dilemas existenciales, consisten en preguntarnos cosas básicas como: ¿quién construyo y gobierna el universo? Si cometemos un pecado mortal ¿significa esto la muerte de nuestra alma o existe alguna posibilidad de reivindicación? Si no creo en ningún Dios Supremo y vivo de acuerdo con las leyes naturales y físicas del mundo que me rodea, ¿cuál es el principal motivo de mi vida?

Según algunas estimaciones existen alrededor de 4200 religiones en el mundo e innumerables extinguidas sectas.

Una encuesta mundial de 2020 señaló que el 84.4% de la población mundial se considera a sí mismo como miembro de alguna religión y el 15.6% como individuos sin religión.

Esto hace importante analizar como podemos encontrar formas de aceptar pluralismo y globalizarnos para lograr una vida armoniosa, dentro de tal división de pensamiento, que existe desde la misma gestación de cada persona.

Por otro lado, este maravilloso pluralismo, es la gran ventaja humana sobre las maquinas que amenazan con controlar nuestras vidas, y es la fuerza central que ha promovido el avance económico de una mayoritaria clase media en los países industrializados y subdesarrollados. Este gran desigual motor nos ha permitido vivir como sociedad dividida, por sobre nuestras diferencias fundamentales.

Como manejamos nuestro camion individualista con estas diferencias, es lo que constantemente debemos estar revisando en forma consciente, con un total conocimiento de los verdaderos motivos de tales discrepancias, y cuál es la mejor manera de enfrentarlas para solucionarlas.

Si bien es cierto que las manifestaciones publicas por desigualdades económicas deben ser debidamente debatidas, la violencia y destrucción de propiedad privada que ocasionan, no puede ser permitida y deben ser controladas por fuerzas policiales.

Mezclar diferencias sociales con violencia, no es la fórmula para solucionar desacuerdos, y solo crea un mayor resentimiento, con aquellos que sufren las consecuencias de tales enfrentamientos. La imposición del matón, solo crea una mayor fuerza de resistencia, que destruye la productividad humana.

Es imposible detener la violencia callejera ocasionada por elementos extremistas y delincuentes durante una manifestación para mejoras sociales, y al mismo tiempo limitar la represión policial, declarándola culpable de violación de los derechos humanos.

Esto es una cínica política, al tratar de convencer al grueso de la población, que la policía y la justicia no han sido creadas para detener actos vandálicos violentos en dichas demostraciones, permitiendo que los criminales tengan impunidad política para ser juzgados. Por otro lado, tampoco se debe fomentar, que la policía abuse su poder para reprimir violentamente a un determinado grupo social, por pacificas demostraciones de descontento social.

En lugar de atacar este pluralismo social creado por un sistema económico, genero, cultura, educación, raza y escalafón social, debemos fortalecer dichos lazos no solo por diferencias políticas y de religión, sino por un honrado y valiente respaldo en los esfuerzos por superar dichas diferencias encasilladas en nuestras doctrinas individuales.

Hay que comenzar desde la infancia, en el círculo familiar, impartiendo conocimientos verdaderos que distingan con claridad, entre lo que es leyenda urbana, de lo que es la realidad.

Estos diálogos deben destacar la importancia de un debate lógico y productivo sobre nuestras diferencias, sus méritos y mejoramientos de sus defectos. Esto nos permitirá que cada una de las ruedas de nuestro camion imaginario, tengan una presión suficiente para llevar nuestra carga social, donde la verdad se imponga sobre las mentiras.

No podemos pretender que los gobiernos y las instituciones mundiales van a solucionar nuestras desigualdades en todo el planeta, y que todos aceptaremos las reglas de un pluralismo universal.

Este tipo de vida compartida debe nacer en la base misma de la familia para que cada individuo, en su enfrentamiento diario con desigualdades propias a una sociedad progresiva, tenga las herramientas para encontrar una solución con verdaderos acuerdos, en una convivencia pacifica, y siempre elija la correcta ruta en su decisión para un mejor comportamiento de la raza humana.

La igualdad es un concepto que tiene diferentes escalas de aplicación.

Es un término que lo podemos manejar en distintos campos de las relaciones humanas, dentro de una sociedad donde los verdaderos derechos humanos son respetados bajo el umbral de los derechos civiles.

La forma como este concepto es respetado y aplicado, es lo que le otorga validez a una sociedad que se denomina de igualitaria y democrática.

Por ejemplo, decir que todos somos iguales ante la ley, es indicar que el respeto de dichas leyes vigentes, que han sido aprobadas por la sociedad y las cuales han sido escritas para su entendimiento, debe ser observado por todos sus miembros habitantes de la región que se rige por dichas leyes.

La igualdad ante la ley es un principio jurídico que también ha sido escrito en el Art. 7 de la Declaración Universal de los Derechos Humanos (DUDH), que reconoce que todas las personas deben ser tratadas de igual forma por la ley.

Ello deriva en la igualdad social, que se interpreta como la justicia social, en acuerdo con todos los miembros de una sociedad que tienen derecho a gozar de las mismas oportunidades.

Teóricamente, según dicha igualdad social, todas las personas deberían ser tratadas de la misma forma.

Esto debería llevarnos a una igualdad económica, lo cual implica que dos o mas personas pueden lograr igualitarios beneficios. Por tanto, la desigualdad económica tendrá lugar siempre que diferentes personas o grupos, disfruten de una renta, riqueza o bienestar en forma diferente, logrados bajo las misma condiciones y oportunidades.

Manuel Ayau Cordon, empresario guatemalteco, lo describió de la siguiente manera: "Igualdad de derechos quiere decir que todos viven bajo la misma ley, que las reglas del juego se aplican a todos por igual. Cuando se elaboran las leyes, sin duda merecen aceptación como justas porque son generales, no discriminan a favor o en contra de algunos y no son retroactivas. Es inconcebible que tuviese general aceptación, una ley que trata a unos mejor o peor que a otros."

Como humanos hemos tratado de igualar el terreno en el que convivimos anhelando una igualdad universal, desde lo jurídico a lo social y económico, confundiendo en muchas ocasiones la igualdad de trato y oportunidad, con una total igualdad económica por mandato.

Llevar este concepto a ese extremo, es desafiar las básicas condiciones del comportamiento humano que hemos discutido en estas páginas.

Nuestro diario vivir esta regimentado por nuestro propio ego con sus funciones únicas en relación con los niveles personales competitivos, con sus respectivas expectativas y la forma como utilizamos nuestro juicio para enfrentarlas.

Son estas grandes pequeñas diferencias que nos hacen humanamente fuertes. Las grandes invenciones que, todos disfrutamos a diario de ciertos humanos con el trabajo consciente de millares en su desarrollo e implementación, es lo que nos permite leer estos escritos, educarnos, mantener nuestra salud, alimentarnos y vivir en paz, para gozar las maravillas de este planeta único, que algunos pocos se esfuerzan, sin éxito hasta el momento, en destruir.

Pretender que todos somos simétricamente iguales ante un honrado compromiso de tolerancia, que elimina nuestras diferenciaciones, es insinuar que hemos dejado de ser humanos. En ese instante dejaremos de ser individuos, para convertirnos en un grupo de máquinas robóticas idénticamente fabricadas y manejados por una Inteligencia Artificial, sin un gramo de emoción que nos permita determinar cuándo es necesario hacer excepciones, que defiendan nuestras maravillosas desigualdades.

La diferenciación es necesaria para la constitución de toda sociedad, donde mi yo reconoce al otro como mi igual y lo incluyo en mi realidad, haciendo todos los esfuerzos personales posibles para que, dentro de nuestras individualidades, construyamos una relación positiva y honrada.

De esta forma comenzamos por reconocer que, todos vivimos en un planeta que debemos compartir, donde la calidad de vida y salud deben ser de igual acceso para todos.

Debemos como individuos reconocer que esa parte de la sociedad, que vive marginada y con una calidad de vida inferior a la que disfrutamos, pueden y deben manifestar sus descontentos con acciones concretas, para que los individuos en situación privilegiada o de poder los escuchen, no los ignoren y estén dispuestos a rectificar diferenciaciones injustas.

La insalvable brecha que hemos creado que separar a los ricos de los pobres y a grupos que debieran compartir su bienestar, parte del individuo mismo quien, ubicado en una situación privilegiada o de poder, ejecuta mandatos discriminantes, los cuales considera moral y éticamente intolerables, si son aplicados a su propia familia, amigos y círculo social. Esta dualidad mental en aquellos individuos solo debe ser enfrentada y considerada como un comportamiento egoísta, inaceptable y corrupto.

La creación de un mejor futuro

Este fue mi saludo de Fin de Año el 2021, en el segundo año de la pandemia mundial del Covid 19.

A mi familia y amigos:

Estamos llegando al final de este año que será difícil de olvidar y mientras las sillas reservadas para familiares y amigos permanecen vacías, todos anhelamos nuevos recuerdos y compañía como nunca antes.

Esperamos que este nuevo año nos brinde la oportunidad de abrazar a las personas que son tan importantes en nuestras vidas.

Deseándoles a ustedes y vuestras familias lo mejor para la Navidad y el nuevo año que se avecina, reciban de mi parte por ahora este abrazo virtual.

Para el 2022 este mensaje cambió a uno de reencuentro con ciertos valores que hemos abandonado en el camino, y nuevas formas de relacionarnos con comportamientos que en antaño consideramos como anormales, y que son ahora parte del diario vivir.

Estamos en un periodo de intensos cambios no sólo climáticos y tecnológicos, sino también de comportamientos basados en conductas de mayor tolerancia y comprensión con lo que es diferente.

El imperio americano parece temblar y desintegrarse en medio de un cataclismo financiero provocado por la paralización de la pandemia del 2019.

Las tradicionales estructuras de poder también tiemblan ante el cuestionamiento sobre sus conductas inmorales y dudosas políticas de mejoramiento.

Las instituciones, que nos han mantenido ordenados, respetuosos, y que fueron creadas como protectoras del individuo, están a punto de desmoronarse ante la nueva realidad sobre sus verdaderos objetivos, y las adhesiones por sus lideres a manipulaciones carentes de principios éticos.

Cada uno de nosotros estamos siendo guiados por una ruta sin retorno, en este planeta con un sistema atmosférico modificado por el abuso en la utilización de hidrocarburos. Esto no es un pronostico apocalíptico para la vivencia de nuestros sucesores. La vida en este planeta continuara, mientras el balance de la galaxia se lo permita.

Nuestras vidas serán irrevocablemente distintas, al igual que lo fueron la de nuestros antepasados.

La creación de un mejor futuro esta íntimamente relacionada, al igual que lo ha sido en anteriores generaciones, con el comportamiento y conducta diaria de cada uno de nosotros.

Como nos asimilamos a los cambios climáticos que hemos creado, como nos toleramos dentro de nuestras diferencias sociales y económicas, como nos comportamos dentro de nuestras desigualdades genéticas, como participamos en los cambios que se nos imponen y como estamos preparados para aceptar nuestra responsabilidad y sus resultados, para compartir la ruta por la cual nos estamos conduciendo con otros conductores y sus formas de conducir.

Es fácil sentirnos avasallados por una tecnología, que parece habernos esclavizado sin poder visualizar la transformación y el avance humano que ha ocasionado en cada uno de nosotros.

Es fácil sentirse atropellado por la velocidad, cada vez mayor, en la ruta que transitamos, la cual continuamente cambia de dirección.

Es difícil enfrentarse a diario a un mundo en el cual los sistemas de energía, transporte, agricultura y relaciones humanas, se están continuamente modificando.

El mundo en que vivimos es dinámico, pero también cíclico.

La historia nos enseña, que los humanos nos movemos dentro de segundos, horas, días, noches, semanas, meses, estaciones y años.

El planeta gira y se traslada creando con ello un medio ambiente, que esta en constante fluctuación.

Nos sentimos consumidos por esta actividad y pensamos que estamos siempre a la entrada de un túnel oscuro y sin salida, y nos amarramos al pasado pensando que todo tiempo anterior fue mejor.

Sin embargo, nosotros estamos viviendo en un mundo mejor que el que tuvieron nuestros padres y abuelos, y nuestros nietos vivirán en un planeta y galaxia mejor que la que nos toco a nosotros.

Tenemos la capacidad y la disciplina para despertar cada día y enfrentar nuestras vivencia anticipando, aprendiendo, creando y controlando nuestros comportamientos personales.

Esto nos permiten anticipar el resultado especifico de acciones externas provocadas por otros individuos, en lugar de despertar en medio de algo que sucedió mientras dormíamos, para levantarnos y reaccionar con nuestra ignorante conducta.

Revisar a diario cuales son las tareas que debemos completar, y alinearlas con las acciones que debemos realizar, nos permite entender y organizar el trabajo y las funciones en las que debemos envolvernos, de acuerdo al ciclo que estamos viviendo.

Tal como nos señala Ray Dalio en su libro sobre Los Principios para Enfrentar a los Cambios en el Orden del Mundo, podría ser que no podemos entender en que parte del ciclo estamos en este preciso instante, por cuanto este no ha ocurrido durante nuestra vida. Pero este ciclo ya ha sucedido muchas veces durante la historia de la humanidad.

Su pensamiento es que estamos en medio de un ciclo idéntico al que nuestros abuelos y padres enfrentaron el siglo pasado entre los años 1930 a 1945, y por lo tanto podemos reflexionar en la relación de causas y efectos que se vivieron en aquel periodo, para que individualmente, así mismo como en forma colectiva, podamos actuar dentro de estos ciclos de enfrentamiento humano.

A través de estas páginas hemos estado describiendo los enfrentamientos como sociedad durante los siglos XX y XXI, en materias que moldean nuestros comportamientos diarios en las áreas de política y religión.

Su entendimiento es crítico para nuestro continuo desarrollo y cambio.

Los ciclos donde se producen los cambios en nuestras vidas, no son del todo predecibles, a pesar que podemos anticipar algunos.

La repentina muerte de un familiar o conocido, tiene esa profunda característica del cambio, que sacude nuestro sistema nervioso en lo mas profundo, enfrentándonos con nuestra propia mortalidad, y obligándonos a revaluar los factores que tienen real importancia dentro de nuestro rodaje por este planeta, el cual lo estamos explotando y cambiando.

Cualquiera sea nuestra opinión y pensamientos sobre estos cambios, sean estos personales o externos, siempre estaremos compartiendo nuestra conducta, a veces cavernaria, con nuestros círculos sociales inmediatos.

Sin embargo, sobretodo los humanos somos gregarios, y es este comportamiento social de grupo dentro de nuestra genética, la que nos ha convertido en los dueños de este planeta.

Como sociedad dividida, viviendo congregados en núcleos familiares, somos hábiles y diestros en ciertos aspectos de como hemos logrado esta conquista, pero individualmente somos débiles y frágiles.

Aquello que nos ha hecho superiores al resto de los habitantes de este planeta, es nuestra condición de agruparnos en familias, clanes, equipos, comunas, regiones, países y alianzas internacionales.

Para ser individuos fuertes, necesitamos nexos con otros miembros de la sociedad, porque es la union la cual nos hace fuertes y poderosos.

Para ello es necesario reconocer cuales son aquellas afiliaciones que cuadran dentro del marco de nuestro comportamiento, y cuan diestramente utilizamos estas múltiples redes de conexión, para lograr alcanzar las metas que nos establecemos.

De ahí la importancia de que nuestro camion tenga en cada una de sus ruedas los engranajes y rodamientos lubricados por un profundo conocimiento en sus operaciones, para facilitar nuestro deslizamiento entre las rutas ordenadas y las caóticas.

Es a través de este conocimiento que podremos avanzar de un punto A a un punto B.

Nuestro camion, en lo posible, va a transitar por las rutas del progreso sobre un asfalto bien construido. Se subirá a autopistas en las que se nos cobraran peajes para llegar rápido y seguros a nuestro siguiente destino. Pero también transitaremos por caminos secundarios, empedrados, con baches y profundas grietas, que pueden romper nuestros ejes dejándonos abandonados y sin recursos de emergencia.

Algunas de estas rutas estarán bien ordenadas, mantenidas y señalizadas, con cámaras para vigilar la adherencia a los limites de velocidad, carros policiales para fiscalizar a conductores que no respetan las leyes del transito, y teléfonos para llamar a grúas de emergencia, que oportunamente rescataran a quienes se les han desinflado alguna de las ruedas o el motor se les ha detenido.

Otras rutas serán caóticas sin cámaras, sin presencia policial y carentes de grúas para rescates de emergencia. En el transito de estas rutas en particular es donde debemos comprender el detalle de como funcionan el motor y cada una de las ruedas de nuestro camion, para lograr una estabilización interna, que nos sirva tanto en las rutas ordenadas como en las caóticas.

Es en el enfrentamiento con estas rutas caóticas, donde es fácil perderse, sin tener posibilidades de continuar avanzando, para poder volver a disfrutar de la ruta ordenada, con aquel arcoíris de belleza, en este planeta paradisiaco.

Garantía y Seguro

En este manual hemos incluido una garantía y el seguro de nuestro camion.

La garantía de este camion y su veracidad estará vigente, por el tiempo que el conductor se demore en leer y entender este manual, o 24 horas a partir de la iniciación de su lectura, el que se cumpla primero.

En cuanto al seguro incluido en este manual diremos lo siguiente:

- Este consiste en la seguridad de haber abarcado las principales áreas de importancia para el buen rodaje de mi camion en nuestro diario vivir hasta mi destino final.

En lo relativo a un futuro y sus condiciones de vida útil en este planeta:

- Mi hijo me vaticino que mi nieto de 6 años no va a leer periódicos, porque estos dejaran de existir, siendo reemplazados por la nueva tecnología y sus redes sociales.

Mi pensamiento es que el día que el ultimo periódico cierre sus puertas con la publicación de su ultima edición, ese será el día en que los humanos dejaremos de estar informados, seremos manejados por sistemas virtuales de Inteligencia Artificial y quedaremos estancados en el pasado viviendo automatamente a merced de las voluntades del nuevo Darth Vader.

El New York Times en su edición internacional del 7 de Noviembre del 2022, publico un reportaje sobre El Nuevo Mundo y la visión del futuro después de los cambios climáticos.

Su pronóstico no es de salvación, así como tampoco apocalíptico: habrá un calentamiento entre dos a tres grados Celsius en la temperatura durante este siglo XXI. El planeta cambiara irrevocablemente, pero la vida continuara.

¿Cuál será su apariencia? Mi respuesta es: todo dependerá en el comportamiento moral y ético de cada camionero.

Lo que podemos garantizar es que los cambios ya sea climáticos, políticos, económicos o religiosos van a continuar sucediendo.

Nuestra seguridad a futuro para la permanencia en este planeta va a estar íntimamente relacionada al comportamiento individual que observemos, basado en una educación sin limites, nuestra adaptación a los cambios que continuaran alterando nuestras rutas, nuestra salud mental y corporal, así como la colaboración que establezcamos entre nuestros círculos inmediatos y redes de conexión.

El comportamiento y conducta individual continuará dependiendo:

a) En la forma como manejamos nuestros prejuicios, mientras validamos la veracidad de la información que nos proporciona el medio ambiente;

b) El enfrentamiento diario a como manejamos la competencia con otros individuos a todo nivel, seamos ganadores o perdedores;

c) Las expectativas personales que nos imponemos, en su mayoría, totalmente al margen de nuestras habilidades; y

d) La tolerancia que utilicemos constantemente en expresar nuestros sentimientos y emociones, con todo lo que es diferente.

Hemos visto que nuestra polarizada y fragmentada sociedad se debate entre dos extremos.

El primero, con un individualismo exagerado, donde los gobiernos derechistas piensan que la ruta debe ser caminada por cada individuo, compartida solo por una nación o región homogénea, administrada por un gobierno descentralizado; y

El segundo, con un colectivismo excesivo, donde los gobiernos izquierdistas piensan que la ruta debe ser global y compartida por grupos y alianzas de naciones heterogéneas, pero administrada por un fuerte y poderoso gobierno central.

Los pensadores griegos de siglos pasados se debatieron entre estos dos extremos y llegaron a la conclusión que el termino medio era la mejor ruta a seguir para que todo individuo pudiera vivir en un sistema realmente democrático (Demos= pueblo; Cracia= gobierno).

La forma de llegar a este entendimiento, era cuestionando las premisas presentadas como la mejor solución, y a través de un profundo raciocinio llegar a una conclusión lógica aceptada por la mayoría, luego de haber comprobando su validez.

Un viejo refrán nos asegura que cuando viajamos solitariamente cualquier ruta, esta va a ser larga, difícil de manejar y peligrosa. Sin embargo, cuando viajamos en compañía, nuestro camino va a ser corto, fácil de maniobrar y seguro.

Como seleccionamos conducir por las rutas del orden y el caos, va a continuar siendo un dilema diario, sobre las decisiones que hagamos para resolver los obstáculos que enfrentamos, y que como conductores responsables de nuestros individuales camiones, las tomaremos en completa soledad, libertad y pleno conocimiento de las consecuencias que estas acarrearan.

Epílogo

Nuestros camiones entran en circulación en forma cronológica, pero su ultimo día de funcionamiento en este planeta, es aleatorio.

Su total recorrido y kilometraje por las rutas del mundo, dependerá de nuestro comportamiento como conductores, y la mantencion qué le demos a cada uno de los componentes en nuestro camion. No obstante nuestra caja de cambios nos da la elección para retroceder en nuestras rutas cuando sea necesario, es imposible rehacer la exacta huella que hemos dejado en el camino ya transitado.

"Caminante son tus huellas el camino y nada mas. Caminante no hay caminos. Se hace camino al andar. Al andar se hace camino, y al volver la vista atrás, se ve la huella que nunca se ha de volver a pisar. Caminante no hay camino, sino estelas en la mar."

Antonio Machado, poeta de la generación del 1898.

Durante nuestro recorrido tendremos oportunidades de reír y llorar.

Lo importante es, que al llegar la hora de arribo a nuestro destino final, recordar haber gozado de esta vida con mayores risas que llantos, y en el relámpago de ese instante, tener la iluminación, que ha sido nuestro gran privilegio y honor, el haber dejado una huella limpia y segura, para el disfrute de nuestros sucesores.

Acerca Del Autor Y Sus Publicaciones

Allan Lathrop Fontecilla nació en Valparaiso, Chile. Realizo sus estudios de periodismo en la Universidad Católica de Santiago, trabajo como reportero y cronista de los diarios La Union, La Estrella y El Mercurio de Valparaiso. En 1973 emigro a Toronto, Canada, donde realizo estudios de Ingeniería Comercial, con especialidad en Economía, en la Universidad de York. Luego completo estudios de Ingeniería Mecánica con especialidad en elementos robóticos, en el Instituto Tecnológico de Humber. En Canada ha trabajado en el ámbito publicitario como gerente comercial en cadenas de diarios comunitarios y con el diario nacional The Globe and Mail. Posteriormente trabajo 20 años en la industria aeronáutica, tanto en la fabricación de aviones comerciales y militares, así mismo como consultor y gerente de proyectos, en la implementación de sistemas robóticos en las lineas de fabricación y ensamblaje.

Ha publicado los siguientes libros:

Aprendiendo del Milagro Japones, 1995
El Mercenario Maya, 2012
Diálogos de la Sociedad Dividida, 2019, 2020
Manual de conducir entre el orden y el caos, 2022

Actualmente el autor reside en Canada.